# 电子技术实验

李新成 主 编

匡 军 岳丹松 副主编

中国电力出版社
CHINA ELECTRIC POWER PRESS

# 内容提要

本书从提高学生综合素质的角度出发，分基础知识篇、实验篇和实践篇，较系统地介绍了常用电子元件的基本知识、数字集成电路基础知识、电子技术实验须知、模拟电子技术实验、数字电子技术实验、电子技术课程设计、表面贴装技术（SMT）实习指导、焊接基本技术、超外差式六管调幅收音机（H950 型）装配指导、Multisim 仿真技术。

本书采用双色印刷，版面活泼、明晰，易为学生接受。编写融通用性、专业性、知识性、趣味性于一体，为电子技术实验课程的理想教材。

本书可作为高等学校电气信息类专业及相关专业的本、专科生教材和课程设计、毕业设计参考书，也可作为电子技术类专业人员的参考书。

## 图书在版编目（CIP）数据

电子技术实验/李新成主编 . —北京：中国电力出版社，2012.7（2021.1 重印）
ISBN 978 - 7 - 5123 - 2896 - 9

Ⅰ. ①电… Ⅱ. ①李… Ⅲ. ①电子技术—实验—高等学校—教材 Ⅳ. ①TN-33

中国版本图书馆 CIP 数据核字（2012）第 066892 号

中国电力出版社出版、发行
（北京市东城区北京站西街 19 号 100005 http://www.cepp.sgcc.com.cn）
三河市航远印刷有限公司印刷
各地新华书店经售

\*

2012 年 7 月第一版 2021 年 1 月北京第四次印刷
787 毫米×1092 毫米 16 开本 11 印张 274 千字
印数 7501—9000 册 定价 **49.00** 元

# 前言

"电子技术实验"是工科院校相关专业学生进行科学实验基本训练的一门必修课程，对培养学生的实验方法、实验技能和创新意识具有重要作用。

随着国家、省级基础课实验教学中心的建设，实验教学越来越受到各高校的重视，而实验教材则是搞好实验教学的关键。为此，我们参考了有关电工电子实验教学示范中心的建设标准，编写了这本实验教程。本书把实验教学的理论验证、综合提高及独立设计综合起来，力争使学生在有限的课时内，尽量掌握系统、完善的实验方法，为以后的学习及工作打下坚实的基础。

本书分为三篇，共 10 章。第一篇为基础知识篇，介绍电子技术实验相关的一些基础知识，包括常用电子元件的基本知识、数字集成电路基础知识、电子技术实验须知；第二篇为实验篇，包括模拟电子技术实验、数字电子技术实验；第三篇为实践篇，包括电子技术课程设计、表面贴装技术（SMT）实习指导、焊接基本技术、超外差式六管调幅收音机（H950 型）装配指导、Multisim 仿真技术。不同专业可按本专业的教学要求进行选择。

本书的全部实验可在 TPE-A3 模拟电路实验箱、Dais 系列实验箱和 TDS-1 型数字电路实验箱上完成。

参加本书编写的人员有李新成、匡军、岳丹松，全书由李新成统稿。此外，在本书的编写过程中还得到了刘立山教授、龚丽农教授和王至秋老师的大力支持和帮助，在此表示感谢。

本书可作为高等学校电气信息类专业及相关专业的本、专科生教材和课程设计、毕业设计参考书，也可作为电子技术类专业人员的参考书。

由于编者水平有限，时间仓促，书中难免存在不妥和疏漏之处，恳请读者予以批评指正。

编　者

# 目 录

# 实　践　篇

# 基础知识 篇

- 常用电子元件的基本知识
- 数字集成电路基础知识
- 电子技术实验须知

# 第1章

# 常用电子元件的基本知识

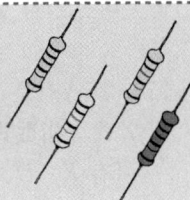

任何电子电路都是由元器件组成的，常用的元器件有电阻器、电容器和各种半导体器件（如二极管、三极管、集成电路等）。为了能正确的选择和使用这些元器件，就必须掌握它们的性能、结构与主要性能参数等有关知识。

## 第1节 电阻器与电位器

电阻器是电路元件中应用最广泛的一种，在电子设备中约占元件总数的30%以上，其质量的好坏对电路工作的稳定性有极大影响。电阻器的主要用途是稳定和调节电路中的电流和电压，其次还可以作为分流器、分压器和消耗电能的负载等。

### 一、电阻器的分类

电阻器按结构可分为固定式和可变式两大类。

（1）固定式电阻器一般称为"电阻"。根据制作材料和工艺的不同，可分为膜式电阻、实心式电阻、金属线绕电阻（RX）和特殊电阻四种类型。

膜式电阻包括膜式电阻 RT、金属膜电阻 RJ、合成膜电阻 RH 和氧化膜电阻 RY 等。

实心式电阻包括有机实心电阻 RS 和无机实心电阻 RN。

特殊电阻包括 MG 型光敏电阻和 MF 型热敏电阻。

（2）可变式电阻器分为滑线式变阻器和电位器。其中应用最广泛的是电位器。

电位器是一种具有三个接头的可变电阻器。其阻值可在一定范围内连续可调。电位器的分类有以下几种：

1）按电阻体材料分，可分为薄膜和线绕两种。薄膜可分为 WTX 型小型碳膜电位器、WTH 型合成碳膜电位器、WS 型有机实心电位器、WHJ 型精密合成膜电位器和 WHD 型多圈合成膜电位器等。线绕电位器的代号为 WX。一般情况下，线绕电位器的误差不大于10%，非线绕电位器的误差不大于2%。其阻值、误差与型号均标在电位器上。

2）按调节机械的运动方式，分为旋转式、直滑式。

3）按结构分，可分为单联、多联、带开关、不带开关等；开关形式又有旋转式、推拉式、按键式等。

4）按用途分，可分为普通电位器、精密电位器、功率电位器、微调电位器和专用电位器等。

5）按阻值随转角变化关系，可分为线性和非线性电位器，如图 1-1 所示曲线。它们的特点分别为：

$X$ 式（直线式）：常用于示波器的聚焦电位器和万用表的调零电位器（如 MF-20 型万用表），其纯属密度为±2%、±1%、±0.3%、±0.05%。

$D$ 式（对数式）：常用于电视机的黑白对比度

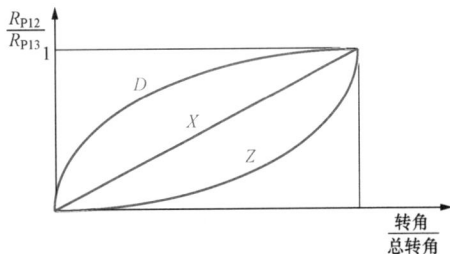

图1-1 电位器阻值随转角变化曲线

调节。其特点是：先粗调后细调。

Z式（指数式）：常用于收音机的音量调节。其特点是：先细调后粗调。

所有 X、D、Z 字母符号一般印在电位器上，使用时应注意。

常用电阻器和电位器的外形和符号如图 1-2 所示。

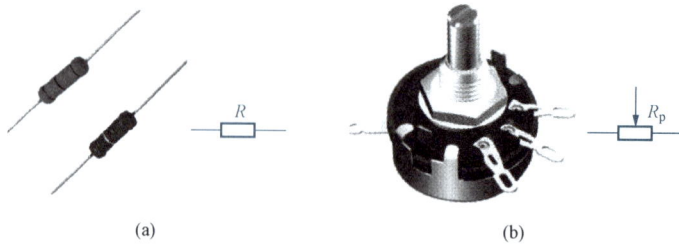

(a)　　　　　　　　　　　(b)

图 1-2　常用电阻器和电位器的外形及符号

（a）电阻器外形及符号；（b）电位器外形及符号

### 二、电阻器型号的命名方法

电阻器、电位器型号的命名由下列四部分组成。

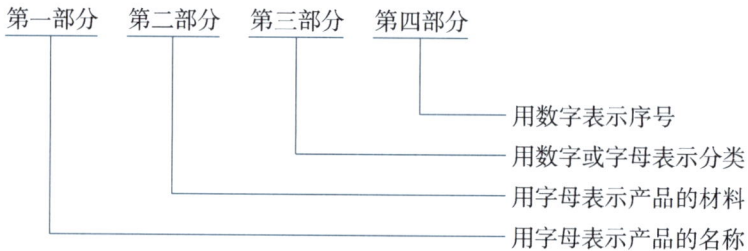

各部分符号意义见表 1-1。

表 1-1　　　　　　　　　　　电阻器和电位器的型号命名方法（中国）

| 第一部分 | | 第二部分 | | 第三部分 | | 第四部分 |
|---|---|---|---|---|---|---|
| 用字母表示主称 | | 用字母表示材料 | | 用数字或字母表示分类 | | 用数字表示序号 |
| 符号 | 意义 | 符号 | 意义 | 符号 | 意义 | 意义 |
| R | 电阻器 | T | 碳膜 | 1，2 | 普通 | |
| RP | 电位器 | P | 硼碳膜 | 3 | 超高频 | |
| | | U | 硅碳膜 | 4 | 高阻 | |
| | | H | 合成膜 | 7 | 精密 | |
| | | C | 沉积膜 | 5 | 高温 | |
| | | I | 玻璃釉膜 | 8 | 电阻器—高压 | |
| | | J | 金属膜（箔） | 9 | 电阻器—特殊函数 | 包括额定功率、 |
| | | Y | 氧化膜 | G | 精密 | 阻值、精度等级、 |
| | | S | 有机实芯 | T | 电阻：高压；电位器：特殊 | 允许等级 |
| | | N | 无机实芯 | L | 高功率 | |
| | | X | 绕线 | X | 可调 | |
| | | G | 光敏 | W | 测量用 | |
| | | R | 热敏 | D | 小型 | |
| | | M | 压敏 | | 微调 | |
| | | | | | 多圈 | |

如：

R J 7 1 —— 精密金属膜电阻器  RP X D 3 —— 多圈线绕电位器

序号　　　　　　　　　　　　　　　　　　　　序号
精密　　　　　　　　　　　　　　　　　　　　多圈
金属膜（箔）　　　　　　　　　　　　　　　　线绕
电阻器　　　　　　　　　　　　　　　　　　　电位器

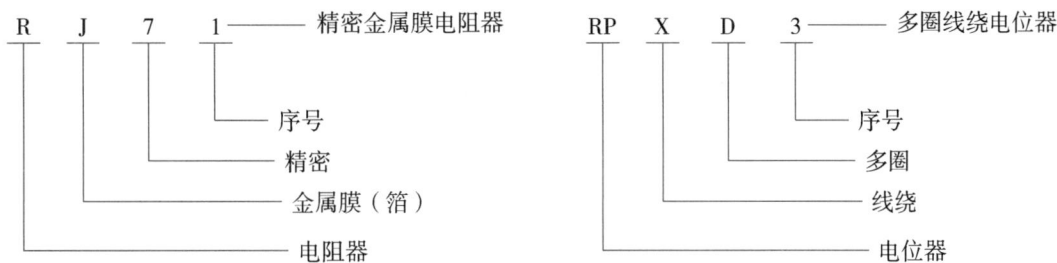

### 三、电阻器的主要性能指标

电阻器的主要性能指标如下：

（1）额定功率。电阻器的额定功率是在规定的环境温度和温度下，假定周围空气不流通，在长期连续工作而不损坏或基本不改变性能的情况下，电阻器上允许消耗的最大功率。当超过额定功率时，电阻器的阻值将发生变化，甚至发热烧毁。为保证安全起见，一般选其额定功率比它在电路中消耗的功率高 1～2 倍。

额定功率分为 19 个等级，常用的有 1/20、1/8、1/4、1/2、1、2、3、5W…。在电路图中，非线绕电阻器额定功率的符号表示法如图 1-3 所示。

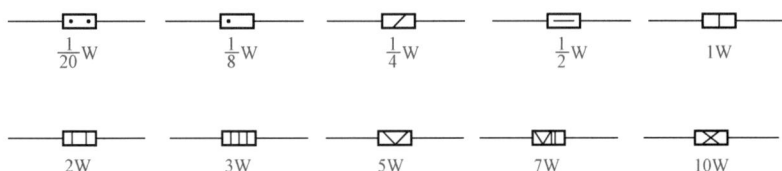

图 1-3　额定功率的符号表示法

实际中应用较多的有 1/4、1/2、1、2W。线绕电位器应用较多的有 2、3、5、10W 等。

（2）标称阻值。标称阻值是产品标志的"名义"阻值，其单位为欧（Ω）、千欧（kΩ）、兆欧（MΩ）。标称阻值系列见表 1-2。

任何固定电阻器的阻值都应符合表 1-2 所列数值乘以 $10^n\Omega$，其中 $n$ 为整数。

表 1-2　　　　　　　　　　　　　电阻器标称值系列

| 允许误差（%） | 系列 | 标　称　值 |
|---|---|---|
| ±5 | E24 | 1.0　1.1　1.2　1.3　1.5　1.6　1.8　2.0　2.2　2.4　2.7　3.0　3.3　3.6<br>3.9　4.3　4.7　5.1　5.6　6.2　6.8　7.5　8.2　9.1 |
| ±10 | E12 | 1.0　1.2　1.5　1.8　2.2　2.7　3.3　3.9　4.7　5.6　6.8　8.2 |
| ±20 | E6 | 1.0　1.5　2.2　3.3　4.7　6.8 |

（3）允许误差。允许误差是指电阻器和电位器实际阻值对于标称阻值的最大允许偏差范围，它表示产品的精度。允许误差等级见表 1-3。线绕电位器允许误差一般小于±20%。

表 1-3　　　　　　　　　　　　　允许误差等级

| 级　别 | 005 | 01 | 02 | Ⅰ | Ⅱ | Ⅲ |
|---|---|---|---|---|---|---|
| 允许误差（%） | ±0.5 | ±1 | ±2 | ±5 | ±10 | ±20 |

常用电阻器的主要技术特性见表 1 - 4。

表 1 - 4 　　　　　　　　　　　常用电阻器的主要技术特性

| 名称 | 型号 | 额定功率（W） | 标称阻值范围（Ω） | 噪声电动势（μV/V） | 温度系数 | 额定环境温度（℃） | 适用频率 |
|---|---|---|---|---|---|---|---|
| RT | 碳膜电阻 | 0.05<br>0.125<br>0.25<br>0.5<br>1.2 | $10\sim100\times10^3$<br>$5.1\sim510\times10^3$<br>$5.1\sim910\times10^3$<br>$5.1\sim2\times10^6$<br>$5.1\sim5.1\times10^6$ | $1\sim5$ | $-(6\sim20)\times10^4$ | $+40$ | 10MHz 以下 |
| RJ | 金属膜电阻 | 0.125<br>0.25<br>0.5<br>1.2 | $30\sim510\times10^3$<br>$30\sim1\times10^3$<br>$30\sim5.1\times10^3$<br>$30\sim10\times10^3$ | $1\sim4$ | $\pm(6\sim20)\times10^4$ | $+70$ | 10MHz 以下 |
| RX | 线绕电阻 | $2.5\sim100$ | $5.1\sim56\times10^6$ | | | | 低频 |

### 四、电阻器的主要标志内容和标志方法

电阻器的阻值、额定功率、允许误差等技术指标，常用数字或色环等标示印在电阻器上。

**1. 常用电阻器的主要标志内容**

主要标志内容有型号、额定功率、标称阻值、允许误差。如 RJ-0.25W-5.1kΩ-±10％表示金属膜电阻器，额定功率 0.25W，阻值 5.1kΩ，允许误差±10％。

**2. 常用电阻器的标志方法**

电阻器的标志主要有三种方法：直标法、文字符号法和色标法。

直标法是用阿拉伯数字和单位符号在电阻器表面直接标出标称阻值，其允许误差有百分数表示，如 50kΩ±5％。

文字符号法是用阿拉伯数字和文字符号两者有规律的组合来表示标称。文字符号用 R、K、M、G、T 表示电阻值的单位。文字符号法的组合规律是：符号 R（或 K、M 等）前面的数字表示整数阻值，后面的数字依次表示第一位小数阻值和第二位小数阻值。如 R15 表示 0.15Ω；1R2 表示 1.2Ω；2K7 表示 2.7kΩ；8G2 表示 8.2GΩ（8200MΩ）。

色标法是用不同颜色的环点在电阻器表面上标出标称阻值和允许误差。色标法各种颜色的含义见表 1 - 5。

表 1 - 5 　　　　　　　　　　　色标法各种颜色的意义

| 颜色 | 黑 | 棕 | 红 | 橙 | 黄 | 绿 | 蓝 | 紫 | 灰 | 白 | 金 | 银 | 本色（底） |
|---|---|---|---|---|---|---|---|---|---|---|---|---|---|
| 有效数字 | 0 | 1 | 2 | 3 | 4 | 5 | 6 | 7 | 8 | 9 | | | |
| 倍乘 | $10^0$ | $10^1$ | $10^2$ | $10^3$ | $10^4$ | $10^5$ | $10^6$ | $10^7$ | $10^8$ | $10^9$ | $10^{-1}$ | $10^{-2}$ | |
| 允许误差（％） | | $\pm1$ | $\pm2$ | | | $\pm0.5$ | $\pm0.2$ | $\pm0.1$ | | | $\pm5$ | $\pm10$ | $\pm20$ |

（1）2 位有效数字的色标法。允许误差≥5％的电阻器一般采用 4 个色环表示标称阻值和允许误差，其中 3 个表示阻值，1 个表示误差。离电阻器一端最近的那个色环（即第一色环）表示标称阻值第一位有效数字，第二个色环表示第二位有效数字，第三个色环表示倍乘（即有效数字后 0 的个数），第四色环表示阻值的允许误差。如图 1 - 4 所示，该电阻值为 470kΩ±5％。

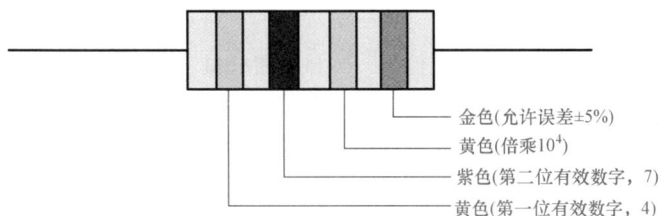

金色(允许误差±5%)
黄色(倍乘10⁴)
紫色(第二位有效数字，7)
黄色(第一位有效数字，4)

图 1-4　2 位有效数字的色标法

（2）3 位有效数字的色标法。误差≤2％的精密电阻器大多采用 5 个色环表示标称阻值和允许误差。第一～三环表示 3 位有效数字，第四环表示倍乘，第五环表示阻值的允许误差。如图 1-5 所示，该电阻值为 $90\Omega\pm5\%$。

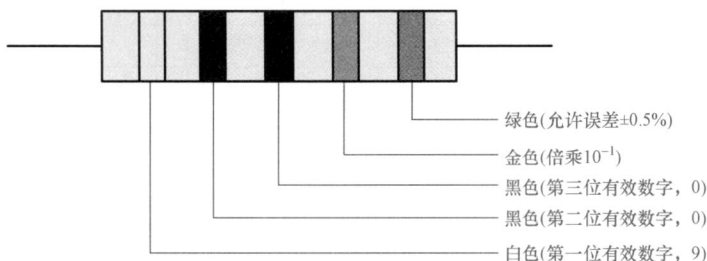

绿色(允许误差±0.5%)
金色(倍乘10⁻¹)
黑色(第三位有效数字，0)
黑色(第二位有效数字，0)
白色(第一位有效数字，9)

图 1-5　3 位有效数字的色标法

（3）常用电阻器的图形符号如图 1-6 所示。

**五、电位器的分类及主要技术特性**

**1. 线绕电位器**

线绕电位器的电阻体是用电阻合金线在绝缘骨架上绕制而成的。线绕电位器按用途分为变通线绕电位器、精密线绕电位器和微调线绕电位器等。

线绕电位器的优点是接触电阻精度高、温度系数小。缺点是阻值偏低，且线圈具有分布电容，限制了它的高频使用。

一般电阻　　可变电阻

热敏电阻　　线绕电阻

图 1-6　常用电阻器的图形符号

常用线绕电位器的分类及其主要技术特性见表 1-6。

表 1-6　　　　　　　　　　常用线绕电位器的分类及主要技术特性

| 型　　号 | 名称 | 功率（W） | 阻值范围 | 最大电压（V） |
|---|---|---|---|---|
| WX12～11，WX12～12<br>WX13～11，WX13～12 | 变通单圈电位器 | 1 | 4.7Ω～15kΩ | 100 |
| WX14～11，WX14～12<br>WX14～31，WX14～32 |  | 3 | 27Ω～22kΩ | 200 |
| WX16～11，WX16～12 |  | 5 | 27Ω～22kΩ | 320 |
| WXD3～13 | 多圈线绕电位器 | 2 | 100Ω～100kΩ | 160 |
| WXD4～23 |  | 3 | 82Ω～100kΩ | 200 |
| WXD5～32 |  | 3 | 47Ω～100kΩ | 200 |
| WXD7～33 |  | 5 | 10Ω～220kΩ | 200 |

2. 非线绕电位器

非线绕电位器主要包括合成碳膜电位器（WH）和有机实心电位器（WS）。

合成碳膜电位器的优点是阻值范围比较宽，分辨力较好，容易获得直线式或函数式输出特性。缺点是电流噪声和非线性较大，耐潮性以及阻值稳定性差。

有机实心电位器与促成碳膜电位器相比，其优点是耐热性好，功率较大，可靠性高，体积小，缺点是工艺复杂。

常用非线绕式电位器的分类及主要特性见表1-7。

表1-7                常用非线绕式电位器的分类和主要技术特性

| 型号 | 名称 | 功率（W） | 阻值范围 | 最大工作电压（V） | 线型 |
|---|---|---|---|---|---|
| WT-$\frac{1}{4}$ | 碳膜电位器 | 0.1 | 4.7kΩ～2.2MΩ | 100 | Z，D |
| WT-$\frac{k}{2}$ | 碳膜电位器 | 0.25 | 470Ω～4.7MΩ | 150 | X |
| WTX（WH$_{15}$） | 合成<br>碳膜电位器 | 0.5，1<br>1.2 | 4.7kΩ～2.2MΩ<br>470Ω～4.7MΩ | 250 | Z，D<br>X |
| WTH | 小型<br>碳膜电位器 | 0.05<br>0.125 | 4.7～470kΩ<br>1kΩ～2MΩ | 75<br>100 | Z，D<br>X |
| WS | 有机实心电位器 | 0.25<br>0.5 | 1kΩ～1MΩ<br>100Ω～4.7MΩ | 100～350<br>75～250 | Z，D<br>X |
| WH$_7$ | 超小型微调<br>碳膜电位器 | 0.1 | 47Ω～680kΩ | 100 | X |
| WH$_5$ | 合成碳膜电位器 | 0.25，0.5<br>0.5，1 | 4.7kΩ～2.2MΩ<br>470Ω～4.7MΩ | 160，200<br>200，315 | Z，D<br>X |
| WH$_9$ | 合成碳膜电位器 | 0.1<br>0.25 | 4.7kΩ～2.2MΩ<br>470Ω～4.7MΩ | 100<br>150 | Z，D<br>X |

3. 常用电位器的图形符号

电路中常用电位器的图形符号如图1-7所示。

图1-7  常用电位器符号

## 六、电阻器的简单测试

测量电阻的方法很多，可用欧姆表、电阻电桥和数字欧姆表直接测量，也可以根据欧姆定律 $R=U/I$，通过测量流过电阻的电流 $I$ 及电阻上的压降 $U$ 来间接测量。

当测量黏度较高时，我们采用电阻电桥来测量电阻。电阻电桥有单臂电桥（惠期登电桥）和双臂电桥（凯尔文电桥）两种。这里不作详细介绍。

当测量要求精度不高时，可直接用欧姆表测量电阻。现在以MF-20型万用表为例，介绍测量电阻的方法。首先将万能表的功能选择波段开关置Ω挡，量程波段开关置合适挡，将两根测试笔短接，表头指应在刻度线零点，若不在零点，则要调节"Ω"旋钮（零欧姆调整电位器）回零。调回零后即可把电阻串接于两根测试笔之间，此时表头指针偏转，待稳定后即可从刻度盘上直接读出所示数值，再乘上事先选择的量程，即可得到被测电阻的阻值。当另换一量程时必须再次短接两测笔，重新调零。

特别要指出的是，在测量电阻时，不能用双手同时捏住电阻或测试笔，因为那样的话，人体电阻将会与被测电阻并联在一起，表头上指示的数值就不单纯是被测电阻的阻值了。

### 七、使用电阻器常识

使用电阻器时应注意：

（1）根据电子设备的技术指标和电路的具体要求选用电阻的型号和误差等级。

（2）为提高设备的可靠性，延长使用寿命，应选用额定功率大于实际消耗功率的 1.5～2 倍。

（3）电阻装接前应进行测量、核对，尤其在精密电子仪器设备装配时，还需经人工老化处理，以提高稳定性。

（4）在装配电子仪器时若选用非色环电阻，则应将电阻标称阻值朝上，且标志左右顺序一致，以便于观察。

（5）焊接电阻时，烙铁仪时间不宜过长。

（6）使用电阻时应考虑电路中信号频率的高低。一个电阻可等效为一个 $R$、$L$、$C$ 两端网络，如图 1-8 所示。不同类型的 $R$、$L$、$C$ 三个参数的大小有很大差异。线绕电阻本身是电感线圈，所以不能用于高频电路中，薄膜电阻中，若电阻体上刻有螺旋圈，工作频率在 10MHz 左右，未刻有螺旋槽的（如 RY 型）工作频率则更高。

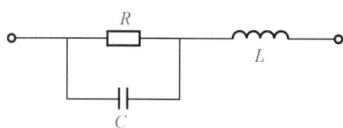

图 1-8　电阻器的等效电路

（7）电路中如需串联或并联电阻来获得所需阻值时，应考虑其额定功率。阻值相同的电阻串联或并联，额定功率等于各个电阻额定功率之和。阻值不同的电阻串联时，额定功率取决于高阻值电阻；并联时，取决于低阻值电阻，且需计算方可应用。

## 第2节　电　容　器

### 一、电容器的分类

电容器是一种储能元件。在电路中常用于调谐、滤波耦合、旁路能量转换和延时等。电容器的种类如下。

1. 按结构分类

（1）固定电容器。电容量是固定不可调和的，我们称之为固定电容器。图 1-9 所示为几种固定电容器的外形和电路符号。

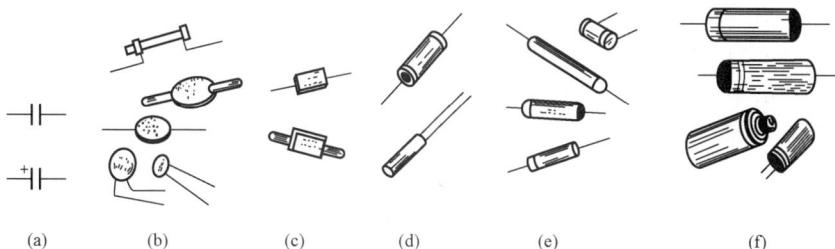

图 1-9　固定电容器

(a) 电容器符号（带"＋"号的为电解电容器）；(b) 瓷介电容器；(c) 云母电容器；

(d) 涤纶薄膜电容器；(e) 金属化纸介电容器；(f) 电解电容器

（2）半可变电容器（微调电容器）。电容器容量可在小范围内变化，其可变容量为几至几

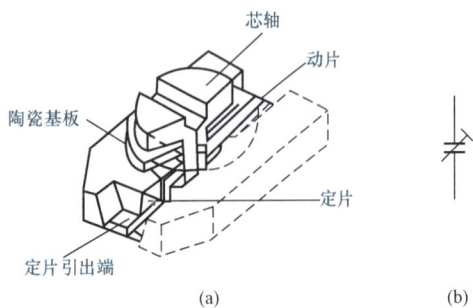

图 1-10 半可变电容器

（a）外形；（b）电路符号

十皮法，最高达 100pF（以陶瓷为介质时），适用于整机调整后电容量不需经常改变的场合。常以空气、云母或陶瓷作为介质。其外形和电路符号如图 1-10 所示。

（3）可变电容器。电容器的容量可在一定范围内连续变化。常有"单联"和"双联"之分，它们由若干片形状相同的金属片并接成一组定片和一组动片，其外形及符号如图 1-11 所示。动片转轴转动，以改变动片插入定片的面积，从而改变电容器。一般以空气作介质，也有用有机薄膜作介质的。但后者温度系数较大。

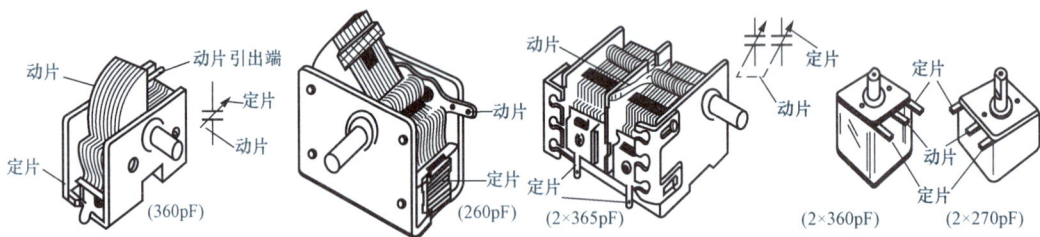

图 1-11 可变电容器

### 2. 按电容器介质材料分类

（1）电解电容器。以铝、钽、铌、钛等金属氧化膜作介质的电容器。应用最广泛的是铝电解电容器。它容量大、体积小、耐压高（但耐压越高，体积也就越大），一般在 500V 以下。常用于交流旁路和滤波。缺点是容量误差大，且随频率而变动，绝缘电阻低。电解电容有正负极之分（外壳为负端，另一接头为正端）。一般电容器外壳上都标有"+"、"-"号，如无标记则引线长的为"+"端，引线短的为"-"端，使用时必须注意不要接反，若接反，则电解作用会反向进行，氧化膜很快变薄，漏电流急剧增加，如果所加的直流电压过大，则电容器很快发热，甚至会引起爆炸。由于铝电解电容有不少缺点，在要求较高的地方常用坦、铌或钛电容。它们比铝电解电容器漏电流小，体积小，但成本高。

（2）云母电容器。以云母片作介质的电容器。其特点是高频性能稳定，损耗小、漏电流小、耐压高（从几百伏到几千伏），但容量小（从几十皮法到几万皮法）。

（3）瓷介电容器。以高介电常数、低损耗的陶瓷材料为介质，故体积小、损耗小、温度系数小，可工作在超高频范围，但耐压较低（一般为 60～70V），容量较小（一般为 1～1000pF）。为克服容量小的缺点，现在采用铁电陶瓷和独石电容。它们的容量分别可达 680pF～0.047μF 和 0.01μF 至几微法，但其温度系数大、损耗大、容量误差大。

（4）玻璃釉电容。以玻璃釉作介质，它具有瓷介电容的优点，且体积比同容量瓷介电容小。其容量范围为 4.7pF～4μF。另外，其介电常数很宽的频率范围内保持不变，还可应用到 125℃ 高温下。

（5）纸介电容器。纸介电容器的电极用铝箔或锡箔做成，绝缘介质是浸蜡的纸，相叠后卷成圆柱体，外包防潮物质，有时外壳采用密封的铁壳以提高防潮性。大容量的电容器常在铁索里灌满电容器油或变压器油，以提高耐压强度，被称为油浸纸介电容器。纸介电容器的优点是在一定体积内可以得到较大的电容量，且结构简单，价格低廉。但介质损耗大，稳定性不高。主要用于低频电路的旁路和隔直电容。其容量一般为 $100\mathrm{pF}\sim4\mu\mathrm{F}$。

（6）有机薄膜电容器。用聚苯乙烯、聚四氟乙烯或涤纶等有机薄膜代替纸介质做成的各种电容器。与纸介电容器相比，它的优点是体积小、耐压高、损耗小、绝缘电阻大、稳定性好，但温度系数大。

### 二、电容器型号命名法

电容器型号命名法见表 1-8。

表 1-8　　　　　　　　　　　电容器型号命名法

| 第一部分 | | 第二部分 | | 第三部分 | | 第四部分 |
| --- | --- | --- | --- | --- | --- | --- |
| 用字母表示名称 | | 用字母表示材料 | | 用字母表示特征 | | 用字母或数字表示序号 |
| 符号 | 意义 | 符号 | 意义 | 符号 | 意义 | |
| C | 电容器 | C | 瓷介 | T | 铁电 | |
| | | I | 玻璃釉 | W | 微调 | |
| | | O | 玻璃膜 | J | 金属化 | |
| | | Y | 云母 | X | 小型 | |
| | | V | 云母纸 | S | 独石 | |
| | | Z | 纸介 | D | 低压 | |
| | | J | 金属化纸 | M | 密封 | |
| | | B | 聚苯乙烯 | Y | 高压 | 包括品种、尺寸代号、温度特性、直流工作电压、标称值、允许误差、标准代号 |
| | | F | 聚四氟乙烯 | C | 穿心式 | |
| | | L | 涤纶（聚酯） | | | |
| | | S | 聚碳酸酯 | | | |
| | | Q | 漆膜 | | | |
| | | H | 纸膜复合 | | | |
| | | D | 铝电解 | | | |
| | | A | 钽电解 | | | |
| | | G | 金属电解 | | | |
| | | N | 铌电解 | | | |
| | | T | 钛电解 | | | |
| | | M | 压敏 | | | |
| | | E | 其他材料电解 | | | |

示例：CJX—250—0.33—±10％电容器的命名含义如下：

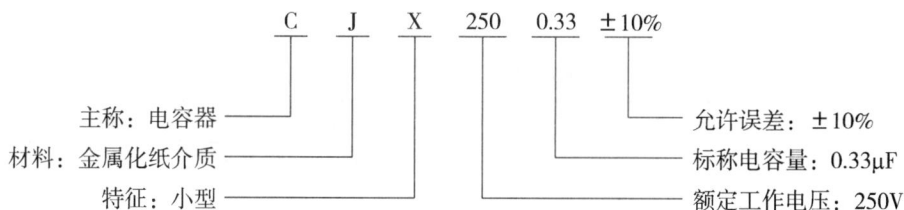

```
        C   J   X   250   0.33   ±10%
```

主称：电容器 ————————————————— 允许误差：±10％

材料：金属化纸介质 ——————————— 标称电容量：0.33μF

特征：小型 —————————————————— 额定工作电压：250V

### 三、电容器的主要性能指标

#### 1. 电容量

电容量是指电容器加上电压后，储存电荷的能力。常用单位是：法（F）、微法（$\mu$F）和皮法（pF），皮法也称微微法。三者的关系为

$$1pF = 10^{-6}\mu F = 10^{-12}F$$

一般电容器上都直接写出其容量。也有的则是用数字来标志容量的。如有的电容上只标出"332"三位数，左起两位数字给出电容器的第一、第二位数字，而第三位数字则表示附加上零的个数，pF 为单位。因此值"332"即表示该电容的电容量为 3300pF。

#### 2. 标称电容量

标称电容量是标志在电容器上的"名义"电容量。我国固定式电容器标称电容量系列为 E24，E12，E6。电解电容的标称容量参考系列为 1，1.5，2.2，3.3，4.7，6.8（以 $\mu$F 为单位）。

#### 3. 允许误差

允许误差是实际电容器对于标称电容量的最大允许偏差范围。固定电容器的允许误差分 8 组，见表 1-9。

表 1-9　　　　　　　　　　　　固定电容器的允许误差

| 级别 | 01 | 02 | I | II | III | IV | V | VI |
|---|---|---|---|---|---|---|---|---|
| 允许误差（%） | ±1 | ±2 | ±5 | ±10 | ±20 | +20～—30 | +50～—20 | +100～—10 |

#### 4. 额定工作电压

额定工作电压是电容器在工作温度范围内，长期、可靠地工作所能承受的最高电压。常用固定电容器的直流工作电压系列为：6.3、10、16、25、40、63、100、250V 和 400V。

#### 5. 绝缘电阻

绝缘电阻是指加在其上的直流电压与通过它的漏电流的比值。绝缘电阻一般应在 5000M$\Omega$ 以上，优质电容器可达 T$\Omega$（$10^{12}\Omega$ 称为太欧）级。

#### 6. 介质损耗

理想的电容器应没有能量损耗。但实际上电容器在电场的作用下，总有一部分电能转换为热能，所损耗的能量称为电容器损耗。它包括金属极板的损耗和介质损耗两部分。小功率电容器主要是介质损耗。

所谓介质损耗，是指介质缓慢极化和介质电导所引起的损耗。通常用损耗功率和电容器的无功功率之比，即损耗角的正切值来表示

$$\tan\delta = \frac{损耗功率}{无功功率}$$

在同容量、同工作条件下，损耗角越大，电容器的损耗也越大，损耗角大的电容不适用于高频情况下工作。

常用电容器的标称值和主要参数分别见表 1-10 和表 1-11。

表 1-10　　　　　　　　　　　　固定电容器的标称电容量

| 系列 | 允许误差（%） | 标称电容量（$\mu$F） | | | | | | | | | | | |
|---|---|---|---|---|---|---|---|---|---|---|---|---|---|
| E24 | ±5 | 1.0 1.1 1.2 1.3 1.5 1.6 1.8 2.0 2.2 2.4 2.7 3.0 3.3<br>3.6 3.9 4.3 4.7 5.1 5.6 6.2 6.8 7.5 8.2 9.1 | | | | | | | | | | | |

续表

| 系列 | 允许误差（%） | 标称电容量（$\mu$F） |
|---|---|---|
| E12 | ±10 | 1.0　1.2　1.5　1.8　2.2　2.7　3.3　3.9　4.7　5.6　6.8　8.2 |
| E6 | ±20 | 1.0　1.5　2.2　3.3　4.7　6.8 |

表 1-11　　　　　　　　　　常用电容器的主要参数

| 名　　　称 | 电容量范围 | 额定工作电压（V） | 使用频率（MHz） | 漏阻（M$\Omega$） |
|---|---|---|---|---|
| （中、小）纸介电容器 | 470pF～0.22$\mu$F | 63～630 | 0～3 | ＞5000 |
| 金属密封纸介电容器 | 0.01～10$\mu$F | 25～1600 | 直流<br>脉冲直流 | ＞1000～5000 |
| （中、小）金属化纸介电容器 | 0.01pF～0.22$\mu$F | 160、250、400 | 0～8 | ＞2000 |
| 薄膜电容器 | 3pF～0.1$\mu$F | 63～500 | 高频<br>低频 | ＞10000 |
| 云母电容器 | 10pF～0.051$\mu$F | 100～7000 | 75～250 以下 | ＞10000 |
| 铝电解电容器 | 1pF～10000$\mu$F | 4～500 | 直流<br>脉冲直流 | |
| 钽、铌电解电容器 | 0.47pF～1000$\mu$F | 6.3～160 | 直流<br>脉冲直流 | |

**7. 电容器的标志内容和标志方法**

电容器的主要标志内容有型号、标称容量及允许误差、额定电压。

电容器的标志方法有两种：一种是直标法；另一种是文字符号法。直标法是用阿拉伯数字和单位符号在电容器表面直接标出额定电压、标称电容量及允许误差的标志方法，如 100V200p±5％。

文字符号法是用阿拉伯数字和文字符号两者有规律的组合，在电容器表面标志出主要参数的方法。标称电容量的标志应符合表 1-12 的规定。标称电容量允许误差的文字见表 1-13。如 3p32F 表示为 3.32pF±1％。

有时为方便起见，电路图中把单位为 pF 和 $\mu$F 的电容器不标单位。无小数点者，单位为 pF；有小数点者为 $\mu$F。如 3300 表示 3300pF；3.32 表示 3.32$\mu$F。

表 1-12　　　　　　　　　　标 称 电 容 量 的 标 志

| 标称电容量 | 文字符号 | 标称电容量 | 文字符号 | 标称电容量 | 文字符号 |
|---|---|---|---|---|---|
| 0.1pF | p10 | 10nF | 10n | 1mF | 1m0 |
| 1pF | 1p0 | 332nF | 332n | 3.32mF | 3m32 |
| 3.32pF | 3p32 | 1$\mu$F | 1$\mu$0 | 10mF | 10m |
| 10pF | 10p | 3.32$\mu$F | 3$\mu$32 | 33.2mF | 33m2 |
| 33.2pF | 33p2 | 10$\mu$F | 10$\mu$ | 100mF | 100m |
| 332pF | 332p | 33.2$\mu$F | 33$\mu$2 | 1F | 1F0 |
| 1nF | 1n0 | 332$\mu$F | 332$\mu$ | 3.32F | 3F32 |
| 3.32nF | 3n32 | | | | |

表 1-13                          标称电容器允许误差的文字符号

| 允许误差（%） | 文字符号 | 允许误差（%） | 文字符号 | 允许误差（%） | 文字符号 |
|---|---|---|---|---|---|
| ±0.01 | L | ±1 | F | +100，−0 | H |
| ±0.02 | P | ±2 | G | +100，−10 | R |
| ±0.05 | W | ±5 | J | +50，−10 | T |
| ±0.1 | B | ±10 | K | +30，−10 | Q |
| ±0.25 | C | ±20 | M | +50，−20 | S |
| ±0.5 | D | ±30 | N | +80，−20 | Z |

#### 四、电容器质量优劣的简单测试

一般我们利用万用表的欧姆挡就可以简单的测量出电解电容器的优劣，粗略地辨别其漏电、容量衰减或失效情况。具体方法是：选用"$R\times 1k$"或"$R\times 100$"挡，将黑表笔接电容器的正极，红表笔接电容器的负极，若表针摆动大，且返回慢，返回位置接近∞，说明该电容正常，且电容量大；若表针摆动大，但返回时，表针显示的 Ω 值较小，说明该电容漏电流较大；若表针摆动大，接近 0Ω，且不返回，说明该电容已击穿；若表针不摆动，则说明该电容器已开路失效。

该方法也适用于辨别其他类型电容器。但如果电容器容量较小时，应选用万用表的"$R\times 10k$"挡测量。另外，如果要对电容器再一次测量时，必须将其放电后方能进行。

如果要求更精确的测量，我们可以用交流电桥和 Q 表（谐振法）来测量，这里不作介绍。

#### 五、选用电容器常识

（1）电容器装接前应进行测量，看其是否短路、断路或漏电严重，并在装入电路时，应使电容器的标志易于观察，且标志顺序一致。

（2）电路中，电路中电容器两端的电压不能超过电容器本身的工作电压。装接时注意正、负极性，不能接反。

（3）当现有电容器与电路要求的容量或耐压不合适时，可以进行串联或并。当两个工作电压不同的电容器并联时，耐压值取决于低的电容器；当两个容量不同的电容器串联时，容量小的电容器所承受的电压高于容量大的电容器。

（4）技术要求不同的电路，应选用不同的电容器。例如，谐振电路中需要介质损耗小的电容器，应选用高频陶瓷电容器（CC 型）；隔直、耦合电容可选纸介、涤纶、电解等电容器；低频滤波电路一般应选用电解电容器，旁路电容可选涤纶、陶瓷和电解电容器。

（5）选用电容器时应根据电路中信号频率的高低来选择。

一个电容器可等效成一个 $R$、$L$、$C$ 二端网络，如图 1-12 所示。不同类型的电容器其等效参数 $R$、$L$、$C$ 的差异很大。等效电感大的电容器（如电解电容器）不适用于耦合、旁路高频信号；等效电阻大的电容器不适用于 Q 值要求高的振荡回路中。为满足比低频到高频滤波旁路的要求，在实际应用中，常将一个大容量的电解电容器与一个小容量的，适合于高频的电

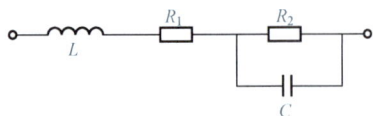

图 1-12  电容器的等效电路

容器并联使用。

## 第3节　晶体二极管

### 一、晶体二极管的识别

普通二极管有玻璃和塑料两种封装形式。其外壳上均印有型号和标记，识别很简单：小功率二极管的负极（N 极），在二极管外表大多采用一道色环表示，也有的采用符号标志"P"、"N"来标明二极管的极性。发光二极管的正、负极可从引脚长短来识别，长脚为正、短脚为负。

国产二极管的型号命名由五部分组成（部分类型没有第五部分），各部分表示意义见表1-14。例如："2CP60"表示 N 型硅材料普通二极管，产品序号为"60"；"2AP9"表示锗 N 型普通二极管，产品序号为"9"；"2CW55"表示硅 N 型稳压二极管，产品序号为"55"。

表1-14　　　　　　　　　　国产二极管型号命名规则

| 第一部分 | | 第二部分 | | 第三部分 | | 第四部分 | 第五部分 |
|---|---|---|---|---|---|---|---|
| 用数字表示器件电极数 | | 用字母表示器件的材料与极性 | | 用字母表示器件的类别 | | 用数字表示器件的序号 | 用字母表示规格号 |
| 符号 | 意义 | 符号 | 意义 | 符号 | 意义 | 意义 | 意义 |
| 2 | 二极管 | A | N 型锗材料 | P | 普通管 | 反映极限参数、直流参数和交流参数等 | 反映承受反向击穿电压的程度。如规定号为 A、B、C、D 等。其中 A 承受的反向击穿电压最低、B 次之，依此类推 |
| | | B | P 型锗材料 | V | 微波管 | | |
| | | C | N 型硅材料 | W | 稳压管 | | |
| | | D | P 型硅材料 | Z | 整流管 | | |
| | | | | N | 阻尼管 | | |
| | | | | V | 光电管 | | |
| | | | | K | 开关管 | | |

### 二、晶体二极管的质量鉴别

根据二极管的单向导电性，可运用万用表的欧姆挡（$R \times 1k$ 或 $R \times 100$ 挡）检测二极管性能的优劣，具体检测方法为：将万用表两个表笔任意接触二极管的两个引脚，读取阻值，然后调换两表笔位置再进行测量读取阻值。对于性能完好的二极管而言，两次测量的阻值应相差很大，阻值大的称为二极管的反向电阻，阻值小的称为二极管的正向电阻。通常硅二极管的正向电阻约为数百至数千欧，反向电阻在几兆欧以上；锗二极管的正向电阻约为数十至数百欧，反向电阻在几百、几千欧以上。若实测的反向电阻值很小，表明二极管已被反向击穿；若实测的正、反向电阻值均为无穷大，则表明二极管内部已断路；若实测的正、反向电阻阻值相差不大，即有一个阻值偏离正常值，则表明二极管性能不良，不宜选用。根据此种测试方法还可以用来判断一个性能完好的二极管的正、负极性。

注意事项：用数字式万用表去测二极管时，红表笔接二极管的正极，黑表笔接二极管的负极，此时测得的阻值才是二极管的正向导通阻值，这与指针式万用表的表笔接法刚好相反。

### 三、稳压二极管原理及使用

稳压二极管（又叫齐纳二极管），存在玻璃、塑料封装和金属外壳封装三种形式。稳压二极管的稳压原理是：被反向击穿后，两端的电压基本保持不变。这样，当把稳压管接入电路以后，若由于电源电压发生波动，或其他原因造成电路中各点电压变动时，负载两端的电压将基本保持不变。常见型号稳压二极管对应的稳压值参见表1-15。

**表 1-15**　　　　　　　　　**常见型号稳压二极管对应稳压值**

| 型号 | 1N4728 | 1N4729 | 1N4730 | 1N4731 | 1N4732 | 1N4733 | 1N4734 | 1N4735 | 1N4736 | 1N4737 | 1N4738 |
|------|--------|--------|--------|--------|--------|--------|--------|--------|--------|--------|--------|
| 稳压值（V） | 3.3 | 3.6 | 3.9 | 4.3 | 4.7 | 5.1 | 5.6 | 6.2 | 6.8 | 7.5 | 8.2 |

　　稳压二极管的伏安特性与普通二极管的相似，只是反向特性部分，由于其被反向击穿，特性曲线更陡直，质量检测方法与普通二极管的一致。应用电路为反向接法，且串接分压限流电阻。应用电路的故障主要有开路、短路和稳压值不稳定的三种情况：开路故障表现为电源电压升高；后两种故障表现为电源电压降低到0V或输出不稳定。

# 第4节　晶体三极管

　　晶体三极管，是半导体基本元器件之一，具有电流放大作用，是电子电路的核心元件。三极管是在一块半导体基片上制作两个相距很近的PN结，两个PN结把整块半导体分成三部分，中间部分是基区，两侧部分是发射区和集电区，排列方式有PNP和NPN两种。

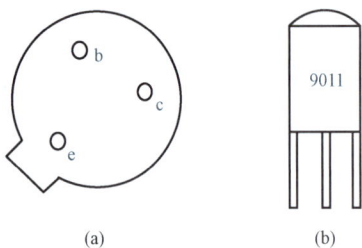

图 1-13　晶体三极管常见管脚排列
(a) 金属封装（仰视图）；(b) 塑料外壳封装

## 一、晶体三极管管脚识别

　　晶体三极管管脚排列因序号、封装形式与功能等的不同而有所区别。对于小功率三极管有金属封装和塑料外壳封装两种形式；对于大功率三极管，外形一般分为"F"型和"G"型两种。金属封装形式的晶体三极管常见管脚排列如图1-13（a）；塑料外壳封装形式的晶体三极管常见引脚排列如图1-13（b）。在具体的应用中，为准确可靠起见，建议依据相关的技术手册确定具体封装形式三极管的管脚排列情况。

## 二、晶体三极管的质量鉴别

1. 类型、引脚判断

方法一：借助机械式万用表的欧姆挡进行判断。

基本判断方法：选用欧姆挡的$R\times 1k$，首先将黑表笔与其中的一引脚稳定相接，再将红表笔分别与另外的两个引脚相接，若两次测得的阻值都较小，且对调后阻值很大，则黑表笔所接的为基极，且三极管的类型为NPN型；若两次测得的阻值都较大，且对调后很小，则黑表笔所接的仍为基极，三极管的类型为PNP型；若两次测得的阻值一大一小时，则需要将黑表笔换接另一个引脚，直至出现两次测得的阻值均相等的情况。然后，再继续区分判断三极管的集电极和发射极，具体方法为：选用欧姆挡的$R\times 1k$挡，若被测的三极管为PNP型，先假定一个引脚为集电极，换红表笔，另一个引脚为发射极，接黑表笔，然后用手捏一下基极和集电极，注意不要将两极直接相碰，并注意观察指针向右摆动的幅度，对调后再观察指针向右摆动的幅度，则两次摆幅较大者的假设极性与实际情况相符；若被测的三极管为NPN型，先假定一个引脚为集电极，接黑表笔，另一个引脚为发射极，接红表笔，然后用手捏一下基极和集电极，注意不要将两极直接相碰，并注意观察指针向右摆动的幅度，对调再观察指针向右摆动的幅度，两次摆幅较大者的假设极性与实际情况相符。

方法二：用数字万用表测试晶体管。

（1）锗管、硅管判别。目前常见的晶体三极管有平面型和合金型两类，硅管主要是平面型，锗管都是合金型。硅管 PN 结的正向压降一般在 0.5～0.8V。锗管 PN 结的正向压降在 0.15～0.35V。因此可以通过测量 PN 结的正向压降来判断某晶体管是硅管或锗管。

（2）判断基极及类型。将数字万用表置于"二极管"挡，红表笔（插入"V/Ω"插孔）为正，黑表笔（插入"COM"插孔）为负，由于晶体三极管分为 NPN 型和 PNP 型两类，判别时可以先假定某管是 NPN 型或 PNP 型，用测量 PN 结的正向压降的方法来判断管子的基极和类型。

1）判断 NPN 管。用红表笔固定某一电极（假定为基极），黑表笔依次接触另外两个电极，若两次显示值基本相同（均在 0.5～0.8V 或 0.15～0.35V），再将黑表笔接假设的基极，红表笔依次接触另外两个电极。两次显示均为溢出（万用表显示 1），说明假设的基极正确，该管是 NPN 管；如果两次显示中，一次为正向压降，另一次显示溢出（万用表显示为 1），说明假设的基极不正确，应交换电极重新测试，找出基极。

2）判断 PNP 管。用黑表笔固定某一电极（假定为基极），红表笔依次接触另两个电极。若两次显示值相同（均为 0.5～0.8V 或 0.15～0.35V），再将红表笔接假定基极，用黑表笔依次接触另外两个电极，两次显示均为溢出（万用表显示 1），说明假设的基极正确，该管是 PNP 管。如果两次显示中，一次是正向压降，另一次显示溢出，说明假设的不是基极。

（3）判别集电极 C、发射集 E，并测量 $\beta$。将数字万用表置 $h_{FE}$ 挡，测量三极管的电流放大系数 $\beta$。根据三极管类型（选择 NPN 或 PNP），将三极管基极插入 B 孔，剩下的电极分别插入 C 孔和 E 孔。若万用表显示为几十到几百，说明管子属于正常接法，放大能力较强，此时 C 孔插的是集电极，E 孔插的是发射极。若万用表显示只有几至几十，说明集电极与发射极插反了，即此时 E 孔插的是集电极，C 孔插的是发射极。

2．性能测试

通过万用表测量三极管的两个参数 $I_{CEO}$、$h_{FE}$，可以对其性能的优劣有基本的判断与把握。具体方法如下：令三极管的基极处于开路状态，用万用表测其集电极与发射极间的电阻值，实测值多接近于无穷大处，即看不出表针的摆动。若实测值较小，则表明 $I_{CEO}$ 值较大，此三极管的性能及其稳定性较差，一般不宜选用。若实测阻值接近于零，则表明三极管的集电极与发射极之间已被击穿。一般情况下锗管和中功率管应在 20kΩ 以上，硅管应大于 10kΩ·$h_{FE}$ 参数可直接通过万用表的"$h_{FE}$"挡进行测量读数。

此外，通过测量三极管极间电阻的大小，也可以判断管子质量的好坏。在测量时，要注意量程的选择变换，以免产生误判或损坏三极管。在测小功率管时，应选用 $R \times 1k$ 或 $R \times 100$ 挡，而不能选用 $R \times 1$ 或 $R \times 10k$ 挡，原因在于前者电流较大，后者电压较高，都有可能造成三极管的损坏；在测大功率管时，则应选用 $R \times 1$ 或 $R \times 10k$ 挡，原因在于它的正、反向电阻均较小，选用其他挡位易发生误判。对于质量良好的中、小功率三极管，基极与集电极、基极与发射极之间的正向电阻一般为几百欧到几千欧，其余的极间电阻都很高，约为几百千欧，硅材料的三极管极间电阻要比锗材料的高。

注意

利用万用表检测中、小功率三极管的极性、管型及性能的各种方法，对检测大功率三极管来说基本上适用。但是，由于大功率三极管的工作电流比较大，因而其 PN 结的面积也较大，其反向饱和电流也必然增大。所以，若像测量中、小功率三极管极间电阻那样，使用万用表的 $R\times1k$ 挡测量，必然测得的电阻值很小，所以通常使用 $R\times10$ 或 $R\times1$ 挡检测大功率三极管。

## 第5节 场效应晶体管

场效应晶体管（Field Effect Transistor，FET）简称场效应管。由多数载流子参与导电，也称为单极型晶体管。它属于电压控制型半导体器件。具有输入电阻高（$10^8\sim10^9\,\Omega$）、噪声小、功耗低、动态范围大、易于集成、没有二次击穿现象、安全工作区域宽等优点，现已成为双极型晶体管和功率晶体管的强大竞争者。

**一、场效应晶体管的质量鉴别**

（1）用测电阻法判别结型场效应管的电极。根据场效应管的 PN 结正、反向电阻值不一样的现象，可以判别出结型场效应管的三个电极。具体方法：将万用表拨在 $R\times1k$ 挡上，任选两个电极，分别测出其正、反向电阻值。当某两个电极的正、反向电阻相等，且为几千欧姆时，则该两个电极分别是漏极 D 和漏极 S。因为对结型场效应管而言，漏极和源极可互换，剩下的电极肯定是栅极 G。也可以将万用表的黑表笔（或红表笔）任意接触一个电极，另一只表笔去接触其余的两个电极，测其电阻值。当出现两次测得的电阻值近似相等时，则黑表笔所接触的电极为栅极，其余两电极分别为漏极和源极。若两次测出的电阻值均很大。说明是 PN 结的反向，即反向电阻，可以判定 N 沟道场效应管，且黑表笔接的是栅极；若两次测出的电阻值均很小，说明是正向 PN 结，即正向电阻，判定为 P 沟道场效应管，黑表笔接的也是栅极，若不出现上述情况，可以调换黑、红表笔按上述方法进行测试，直到判别出栅极为止。

（2）用测电阻法判别场效应管的好坏。测电阻法是用万用表测量场效应管的源极与漏极、栅极与源极、栅极 G1 与栅极 G2 之间的电阻值同场效应管手册标明的电阻值是否相符，以判别管的好坏。具体方法为：首先将万用表置于 $R\times10k$ 或 $R\times100k$ 挡，测量源极 S 与漏极 D 之间的电阻，通常在几十欧到几千欧范围（各种不同型号的管，其电阻值是各不相同的），如果测得阻值大于正常值，可能是由于内部接触不良；如果测得阻值是无穷大，可能是内部断极。然后把万用表置于 $R\times10k$ 挡再测栅极 G1 和 G2 之间、栅极与源极、栅极与漏极之间的电阻值，当测得其各项电阻值均为无穷大，则说明管是正常的；若测得上述各阻值太小或为通路，则说明管是坏的。若两个栅极在管内断极，可用元件代换法进行检测。

（3）用感应信号输入法估测场效应管的放大能力具体方法为：用万用表的 $R\times100k$ 挡，红表笔接源极 S，黑表笔接漏极 D，给场效应管加上 1.5V 的电源电压，此时表针指示出漏源极间的电阻值。然后用手捏住结型场效应管的栅极 G，将人体的感应电压信号加到栅极上。这样，由于管的放大作用，漏源电压 $U_{DS}$ 和漏极电流 $I_d$ 都要发生变化，也就是漏源极间电阻发生了变化，由此可以观察到表针有较大幅度的摆动。如果表针摆动较小，说明管的放大能力较差；表针摆动较大，说明管的放大能力大；若表针不动，说明表是坏的。

如果万用表是 $R\times100k$ 挡，测试结型场效应管 3DJ2F。先将管的 G 极开路，测得漏源电阻 $R_{DS}$ 为 600Ω；用手捏住 G 极后，表针向左摆动，指示的电阻 $R_{DS}$ 为 12kΩ。表针摆动的幅度较大，说明该管是好的，并有较大的放大能力。

运用这种方法时要注意几点：首先，在测试场效应管用手捏住栅极时，万用表针可能向右摆动（电阻值减小）也可能向左摆动（电阻值增加），这是由于人体感应的交流电压较高，而不同的场效应管用电阻挡测量时的工作点不同（或者工作在饱和区，或者工作在不饱和区）所致。试验表明，多数管的 $R_{DS}$ 增大即表针向左摆动；少数管的 $R_{DS}$ 减小，使表针向右摆动，但无论表针摆动方向如何，只要表针摆动幅度较大，就说明管有较大的放大能力。其次，感应电压不是很高，所以不要用手直接去捏栅极，必须用手捏螺丝刀的绝缘柄，用金属杆去触碰栅极，以防止人体感应电荷直接加到栅极，引起栅极击穿。再次，每次测量完毕，应当将 G—S 极短路一下。这是因为 G—S 结电容上会有少量电荷，建立起 $U_{GS}$ 电压，造成再次进行测量时表针可能不动。

（4）用测电阻法判断别无标志的场效应管。首先用测量电阻的方法找出两个有电阻值的管脚，也就是源极 S 和漏极 D，余下的两个脚为第一栅极 G1 和第二栅极 G2。用两表笔测得源极 S 和漏极 D 之间的电阻值并记录下来，对调表笔再测量一次，两次测的阻值较大的一次，黑表笔所接的电极为漏极 D，红表笔所接的为源极 S。用这种方法判别出来的 S、D 极，还可以用估测其管的放大能力的方法进行验证，即放大能力大的黑表笔所接的是 D 极，红表笔所接的是 S 极，两种方法检测结果应一样。当确定了漏极 D、源极 S 的位置后，按 D、S 的对应顺序装入电路，一般 G1、G2 也会依次对准位置，这就确定了两个栅极 G1、G2 的位置，从而就确定了 D、S、G1、G2 管脚的顺序。

（5）用测反向电阻值的变化判断跨导的大小。测量 VMOS N 沟道增强型场效应管跨导性能时，可用红表笔接源极 S，黑表笔接漏极 D，这就相当于在源、漏极之间加了一个反向电压。此时栅极是开路的，管的反向电阻值很不稳定。将万用表的欧姆挡选在 $R\times10k$ 的高阻挡，此时表内电压较高。当用手接触栅极 G 时，会发现管的反向电阻值有明显的变化，其变化越大，说明管的跨导值越高。

**二、场效应晶体管的使用注意事项**

（1）为了安全使用场效应管，在线路的设计中不能超过管的耗散功率、最大漏源电压、最大扎源电压和最大电流等参数的极限值。

（2）各类型场效应管在使用时，都要严格按要求的偏置接入电路中，要遵守场效应管偏置的极性。如结型场效应管栅漏源之间不能加正偏压、P 沟道管栅极不能加负偏压等。

（3）MOS 场效应管由于输入阻抗极高，所以在运输、储藏中必须将引出脚短路，要用金属屏蔽包装，以防止外来感应电动势将栅极击穿。尤其要注意，不能将 MOS 场效应管放入塑料盒子内，同时也要注意管的防潮。

（4）为了防止场效应管栅极感应击穿，要求一切测试仪器、工作台、电烙铁、线路本身都必须有良好的接地。管脚在焊接时，先焊源极。在连入电路之前，管的全部引线端保持互相短接状态，焊接完后才把短接材料去掉。从元器件架上取下管时，应以适当的方式确保人体接地，如采用接地环等，当然，如果能采用先进的气热型电烙铁，焊接场效应管是比较方便的，并且可确保安全。在未关电源时，绝对不可以把管插入电路或从电路中拔出。

（5）在安装场效应管时，注意安装的位置要尽量避免靠近发热元件；为了防管件振动，有必要将管壳体紧固起来；管脚引线在弯曲时，应当在大于根部 5mm 处进行，以防止弯断管脚和引起漏气等。对于功率型场效应管，要有良好的散热条件，因为功率型场效应管要在高负荷条件下运用，必须设计足够的散热器，确保壳体温度不超过额定值，使器件长期、稳定、可靠地工作。

# 第2章 数字集成电路基础知识

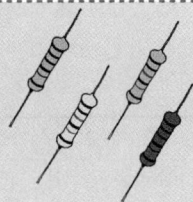

## 第1节 国产半导体集成电路的命名方法

### 一、原国标命名方法

原国标中规定器件的型号由五个部分组成，其符号及意义见表2-1。

表2-1　　　　　　　　　　　　原国标集成电路的命名方法

| 第一部分 | | 第二部分 | | 第三部分 | 第四部分 | | 第五部分 | |
|---|---|---|---|---|---|---|---|---|
| 用字母表示器件<br>符合国家标准 | | 用字母表示器<br>件的类型 | | 用阿拉伯数字表示<br>器件的序号 | 用字母表示器件的<br>工作温度范围 | | 用字母表示器件<br>的封装形式 | |
| 符号 | 意义 | 符号 | 意义 | | 符号 | 意义 | 符号 | 意义 |
| C | 中国制造 | T | TTL | 器件系列和品种代号，一般用阿拉伯数字表示 | C | 0～70℃ | W | 陶瓷扁平 |
| | | H | HTL | | | | B | 塑料扁平 |
| | | E | ECL | | E | −40～85℃ | F | 全密封扁平 |
| | | C | CMOS | | | | D | 陶瓷双列直插 |
| | | F | 线性放大器 | | R | −55～85℃ | P | 塑料双列直插 |
| | | D | 音响电视电路 | | | | J | 黑瓷双列直插 |
| | | W | 稳压器 | | | | K | 金属菱形 |
| | | J | 接口电路 | | M | −55～125℃ | T | 金属圆壳 |
| | | B | 非线性电路 | | | | | |
| | | M | 存储器 | | | | | |
| | | u | 微机电路 | | | | | |

例：CT4020ED 为低功耗肖特基 TTL 双 4 输入与非门，其中，C 表示符合国家标准，T 表示 TTL 电路（第一部分），4020 表示低功耗肖特基系列双 4 输入与非门（第二部分），E 表示 −40～85℃（第三部分），D 表示陶瓷双列直插封装（第四部分）。

### 二、现行国标命名方法

现行国标为 GB 3430—1989《半导体集成电路型号命名方法》，其中规定器件的型号也由五部分组成，其含义见表2-2。

表2-2　　　　　　　　　　　　现行国标集成电路的命名方法

| 第一部分 | | 第二部分 | | 第三部分 | | 第四部分 | | 第五部分 | |
|---|---|---|---|---|---|---|---|---|---|
| 用字母表示器件<br>符合国家标准 | | 用字母表示器<br>件的类型 | | 用阿拉伯数字表示<br>器件的系列和品种代号 | | 用字母表示器件的<br>工作温度范围 | | 用字母表示<br>器件的封装类型 | |
| 符号 | 意义 | 符号 | 意义 | 符号 | 意义 | 符号 | 意义 | 符号 | 意义 |
| C | 中国制造 | T | TTL电路 | （TTL 器件） | | C | 0～70℃ | F | 多层陶瓷扁平 |
| | | H | HTL电路 | 54/74 *** | 国际通用系列 | G | −20～70℃ | B | 塑料扁平 |

| 第一部分 | | 第二部分 | | 第三部分 | | 第四部分 | | 第五部分 | |
|---|---|---|---|---|---|---|---|---|---|
| 用字母表示器件符合国家标准 | | 用字母表示器件的类型 | | 用阿拉伯数字表示器件的系列和品种代号 | | 用字母表示器件的工作温度范围 | | 用字母表示器件的封装类型 | |
| 符号 | 意义 | 符号 | 意义 | 符号 | 意义 | 符号 | 意义 | 符号 | 意义 |
| C | 中国制造 | E | ECL 电路 | 54/74H*** | 高速系列 | L | —25～85℃ | H | 黑瓷扁平 |
| | | C | CMO 电路 | 54/74L*** | 低功耗系列 | E | —40～85℃ | D | 多层陶瓷双列直插 |
| | | M | 存储器 | 54/74S*** | 肖特基系列 | R | —55～85℃ | J | 黑瓷双列直插 |
| | | μ | 微机电路 | 54/74LS*** | 低功耗肖特基系列 | M | —55～125℃ | P | 塑料双列直插 |
| | | F | 线性放大电路 | 54/74AS*** | 先进肖特基系列 | | | S | 塑料单列直插 |
| | | W | 稳压器 | 54/74ALS*** | 先进肖特基低功耗系列 | | | T | 金属圆壳 |
| | | D | 音响电视电路 | 54/74F*** | 高速系列 | | | K | 金属菱形 |
| | | B | 非线性电路 | (CMOS 器件) | | | | C | 陶瓷芯片载体（CCC） |
| | | J | 接口电路 | 54/74HC*** | 高速 CMOS，输入输出 CMOS 电平 | | | E | 塑料芯片载体（PLCC） |
| | | AD | A/D 转换 | 54/74HCT*** | 高速 CMOS，输入 TTL 电平，输出 CMOS 电平 | | | G | 网格针栅阵列 |
| | | DA | D/A 转换 | 54/74HCU*** | 高速 CMOS，不带输出缓冲级 | | | SOIC | 小引线封装 |
| | | SC | 通信专用电路 | 54/74AC*** | 改进型高速 CMOS | | | PCC | 塑料芯片载体封装 |
| | | SS | 敏感电路 | 54/74ACT*** | 改进型高速 CMOS，输入 TTL 电平，输出 CMOS 电平 | | | LCC | 陶瓷芯片载体封装 |
| | | SW | 钟表电路 | | | | | | |
| | | SJ | 机电仪表电路 | | | | | | |
| | | SF | 复印机电路 | | | | | | |

## 第 2 节　数字集成电路的分类与特点

数字集成电路有双极型集成电路（如 TTL ECL）和单极型集成电路（如 CMOS）两大类，每类中又包含有不同的系列品种。

**一、TTL 数字集成电路**

这类集成电路内部输入级和输出级都是晶体管结构，属于双极型数字集成电路。其主要系列如下。

（1）74—系列。这是早期的产品，现仍在使用，但正逐渐被淘汰。

（2）74H—系列。这是 74—系列的改进型，属于高速系列产品。其"与非门"的平均传输时间达 10ns 左右，但电路的静态功耗较大，目前该系列产品使用越来越少，逐渐被淘汰。

（3）74S—系列。这是 TTL 的高速型肖特基系列。在该系列中，采用了抗饱和肖特基二极管，速度较高，但品种较少。

（4）74LS—系列。这是当前 TTL 类型中的主要产品系列。品种和生产厂家都非常多。性能价格比较高，目前在中小规模电路中应用非常普遍。

（5）74ALS—系列。这是"先进的低功耗肖特基"系列。属于 74LS—系列的后继产品，速度（典型值为 4ns）、功耗（典型值为 1mW）等方面均有较大的改进，但价格比较高。

（6）74AS—系列。这是 74S—系列的后继产品，尤其速度（典型值为 1.5ns）有显著的提高，又称"先进超高速肖特基"系列。

总之，TTL 系列产品向着低功耗、高速度方向发展。其主要特点为：

（1）不同系列同型号器件管脚排列完全兼容。

（2）参数稳定，使用可靠。

（3）噪声容限高达数百毫伏。

（4）输入端一般有钳位二极管，减小了反射干扰的影响。输出电阻低，带容性负载能力强。

（5）采用＋5V 电源供电。

**二、CMOS 集成电路**

CMOS 数字集成电路是利用 NMOS 管和 PMOS 管巧妙组合成的电路，属于一种微功耗的数字集成电路。主要系列如下。

（1）标准型 4000B/4500B 系列。该系列是以美国 RCA 公司的 CD4000B 系列和 CD4500B 系列制定的，与美国 Motorola 公司的 MC14000B 系列和 MC14500B 系列产品完全兼容。该系列产品的最大特点是工作电源电压范围宽（3～18V）、功耗最小、速度较低、品种多、价格低廉，是目前 CMOS 集成电路的主要应用产品。

（2）74HC—系列。54/74HC—系列是高速 CMOS 标准逻辑电路系列，具有与 74LS—系列同等的工作度和 CMOS 集成电路固有的低功耗及电源电压范围宽等特点。74HC×××是 74LS×××同序号的翻版，型号最后几位数字相同，表示电路的逻辑功能、管脚排列完全兼容，为用 74HC 替代 74LS 提供了方便。

（3）74AC—系列。该系列又称"先进的 CMOS 集成电路"，54/74AC 系列具有与 74AS 系列等同的工作速度和与 CMOS 集成电路固有的低功耗及电源电压范围宽等特点。

CMOS 集成电路的主要特点有：

（1）具有非常低的静态功耗。在电源电压 $V_{cc}=5V$ 时，中规模集成电路的静态功耗小于 $100\mu W$。

（2）具有非常高的输入阻抗。正常工作的 CMOS 集成电路，其输入保护二极管处于反偏状态，直流输入阻抗大于 $100M\Omega$。

（3）宽的电源电压范围。CMOS 集成电路标准 4000B/4500B 系列产品的电源电压为 3～18V。

（4）扇出能力强。在低频工作时，一个输出端可驱动 CMOS 器件 50 个以上的输入端。

（5）抗干扰能力强。CMOS 集成电路的电压噪声容限可达电源电压值的 45%，且高电平和低电平的噪声容限值基本相等。

（6）逻辑摆幅大。CMOS 电路在空载时，输出高电平 $V_{OH} > Vcc - 0.05V$，输出低电平 $V_{OL} \leqslant 0.05V$。

## 第 3 节　数字集成电路的应用要点

### 一、数字集成电路使用应注意的问题

在使用集成电路时，为了不损坏器件，充分发挥集成电路应有的性能，应注意以下问题。

**1. 仔细认真查阅使用器件型号的资料**

对于要使用的集成电路，首先要根据手册查出该型号器件的资料，注意器件的管脚排列图接线，按参数表给出的参数规范使用，在使用中，不得超过最大额定值（如电源电压、环境温度、输出电流等），否则将损坏器件。

**2. 注意电源电压的稳定性**

为了保证电路的稳定性，供电电源的质量一定要好，要稳压。在电源的引线端并联大的滤波电容，以避免由于电源通断的瞬间而产生冲击电压。更注意不要将电源的极性接反，否则将会损坏器件。

**3. 采用合适的方法焊接集成电路**

在需要弯曲管脚引线时，不要靠近根部弯曲。焊接前不允许用刀刮去引线上的镀金层，焊接所用的烙铁功率不应超过 25W，焊接时间不应过长。焊接时最好选用中性焊剂。焊接后严禁将器件连同印制线路板放入有机溶液中浸泡。

**4. 注意设计工艺，增强抗干扰措施**

在设计印制线路板时，应避免引线过长，以防止窜扰和对信号传输延迟。此外要把电源线设计的宽些，地线要进行大面积接地，这样可减少接地噪声干扰。

另外，由于电路在转换工作的瞬间会产生很大的尖峰电流，此电流峰值超过功耗电流几倍到几十倍，这会导致电源电压不稳定，产生干扰造成电路误动作。为了减小这类干扰，可以在集成电路的电源端与地端之间，并接高频特性好的去耦电容，一般在每片集成电路并接一个，电容的取值为 $30pF \sim 0.01\mu F$。此外在电源的进线处，还应对地并接一个低频去耦电容，最好用 $10 \sim 50\mu F$ 的钽电容。

### 二、TTL 集成电路使用应注意的问题

**1. 正确选择电源电压**

TTL 集成电路的电源电压允许变化范围比较窄，一般在 $4.5 \sim 5.5V$。在使用时更不能将电源与地颠倒接错，否则会因为电流过大而造成器件损坏。

**2. 对输入端的处理**

TTL 集成电路的各个输入端不能直接与高于 $+0.5V$ 和低于 $-0.5V$ 的低内阻电源连接。对多余的输入端最好不要悬空。虽然悬空相当于高电平，并不影响"与门、与非门"的逻辑关系，但悬空容易接受干扰，有时会造成电路的误动作。因此，多余输入端要根据实际需要作适当处理。例如"与门、与非门"的多余输入端可直接接到电源 $Vcc$ 上，也可将不同的输入端共用一个电阻连接到 $Vcc$ 上，或将多余的输入端并联使用。对于"或门、或非门"的多余输入端应直接接地。

对于触发器等中规模集成电路来说，不使用的输入端不能悬空，应根据逻辑功能接入适当

电平。

### 3. 对于输出端的处理

除"三态门、集电极开路门"外，TTL 集成电路的输出端不允许并联使用。如果将几个"集电极开路门"电路的输出端并联，实现线与功能时，应在输出端与电源之间接入一个计算好的上拉电阻。

集成门电路的输出更不允许与电源或地短路，否则可能造成器件损坏。

### 三、CMOS 集成电路使用应注意的问题

#### 1. 正确选择电源

由于 CMOS 集成电路的工作电源电压范围比较宽（CD4000B/4500B：3～18V），选择电源电压时首先考虑要避免超过极限电源电压。其次要注意电源电压的高低将影响电路的工作频率。降低电源电压会引起电路工作频率下降或增加传输延迟时间。例如 CMOS 触发器，当 $V_{CC}$ 由 +15V 下降到 +3V 时，其最高频率将从 10MHz 下降到几十 kHz。

此外，提高电源电压可以提高 CMOS 门电路的噪声容限，从而提高电路系统的抗干扰能力。但电源电压选得越高，电路的功耗越大。不过由于 CMOS 电路的功耗较小，功耗问题不是主要考虑的设计指标。

#### 2. 防止 CMOS 电路出现晶闸管效应的措施

当 CMOS 电路输入端施加的电压过高（大于电源电压）或过低（小于 0V），或者电源电压突然变化时，电源电流可能会迅速增大，烧坏器件，这种现象称为晶闸管效应。预防晶闸管效应的措施主要包括：

（1）输入端信号幅度不能大于 $V_{CC}$ 和小于 0V。

（2）要消除电源上的干扰。

（3）在条件允许的情况下，尽可能降低电源电压。如果电路工作频率比较低，用 +5V 电源供电最好。

（4）对使用的电源加限流措施，使电源电流被限制在 30mA 以内。

#### 3. 对输入端的处理

在使用 CMOS 电路器件时，对输入端一般要求如下：

（1）应保证输入信号幅值不超过 CMOS 电路的电源电压。即满足 $V_{SS} \leqslant V1 \leqslant V_{CC}$，一般 $V_{SS} = 0V$。

（2）输入脉冲信号的上升和下降时间一般应小于数 $\mu s$，否则会造成电路工作不稳定或损坏器件。

（3）所有不用的输入端不能悬空，应根据实际要求接入适当的电压（$V_{CC}$ 或 0V）。由于 CMOS 集成电路输入阻抗极高，一旦输入端悬空，极易受外界噪声影响，从而破坏了电路的正常逻辑关系，也可能感应静电，造成栅极被击穿。

#### 4. 对输出端的处理

（1）CMOS 电路的输出端不能直接连到一起。否则导通的 P 沟道 MOS 场效应管和导通的 N 沟道 MOS 场效应管形成低阻通路，造成电源短路。

（2）在 CMOS 逻辑系统设计中，应尽量减少电容负载。电容负载会降低 CMOS 集成电路的工作速度和增加功耗。

（3）CMOS 电路在特定条件下可以并联使用。当同一芯片上 2 个以上同样器件并联使用（例如各种门电路）时，可增大输出灌电流和拉电流负载能力，同样也提高了电路的速度。但

器件的输出端并联，输入端也必须并联。

（4）从 CMOS 器件的输出驱动电流大小来看，CMOS 电路的驱动能力比 TTL 电路要差很多，一般 CMOS 器件的输出只能驱动一个 LS—TTL 负载。但从驱动和它本身相同的负载来看，CMOS 的扇出系数比 TTL 电路大得多（CMOS 的扇出系数＞500）。CMOS 电路驱动其他负载，一般要外加一级驱动器接口电路。更不能将电源与地颠倒接错，否则将会因为过大电流而造成器件损坏。

## 第4节 集成逻辑门电路

### 一、集成反相器与缓冲器

在数字电路中，反相器就是"非门"电路。其中 74LS04 是通用型六反相器。管脚排列如图 2-1（a）所示。与该器件具有相同的逻辑功能且管脚排列兼容的器件有 74HC04（CMOS 器件）、CD4069（CMOS 器件）等。74LS05 也是六反相器，该器件的封装、引脚排列、逻辑功能均与 74LS04 相同，不同的是 74LS05 是集电极开路输出（简称 OC 门）。在实际使用时，必须在输出端至电源正端接一个 $1\sim3\text{k}\Omega$ 的上拉电阻。

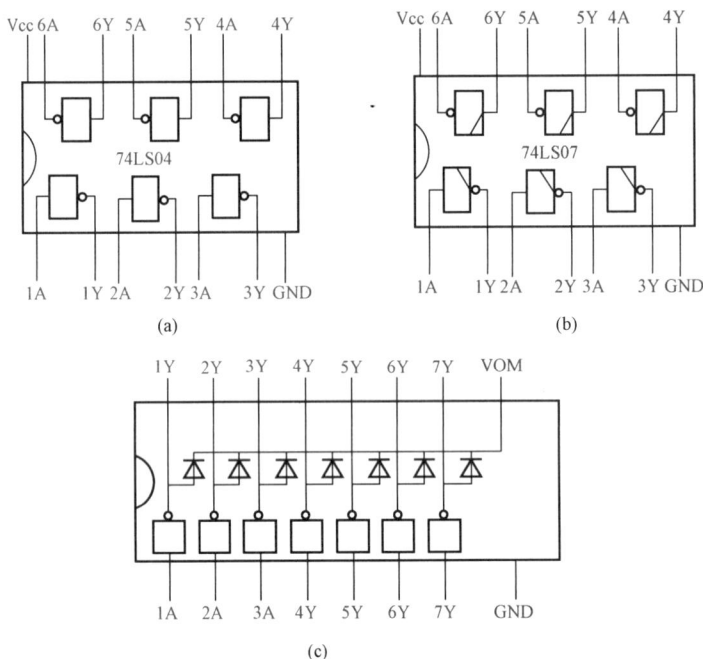

图 2-1 常见反相器、驱动器管脚排列图
(a) 74LS04；(b) 74LS07；(c) ULN2000A

缓冲器的输出与输入信号同相位，它用于改变输入输出电平以及提高电路的驱动能力。图 2-1（b）是集电极开路输出同相驱动器 74LS07 管脚排列图。该器件的输出管耐压为 30V，吸收电流可达 40mA 左右。与之兼容的器件有 74HC07（CMOS）、74LS17。

若需要更强的驱动能力门电路，可采用 ULN2000A 系列。该系列包括 ULN2001A～ULN2005A。管脚排列如图 2-1（c）所示。内部有 7 个相同的驱动门。ULN2000A 系列的吸收电流可达 500mA，输出管耐压为 50V 左右，故它们有很强的低电平驱动能力，可用于小型继电器、微型步进电机的相绕组驱动。图 2-2 所示电路为 ULN2000A 驱动直流继电器的典型接法。

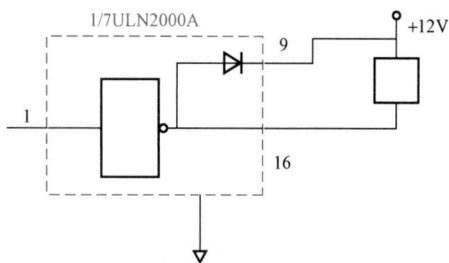

图 2-2　ULN2000A 驱动继电器的接法

## 二、集成与门和与非门

常见的与门有 2 输入、3 输入和 4 输入等几种；与非门有 2 输入、3 输入、8 输入及 13 输入等几种。图 2-3 为 74LS 系列和 74HC 系列管脚排列图。

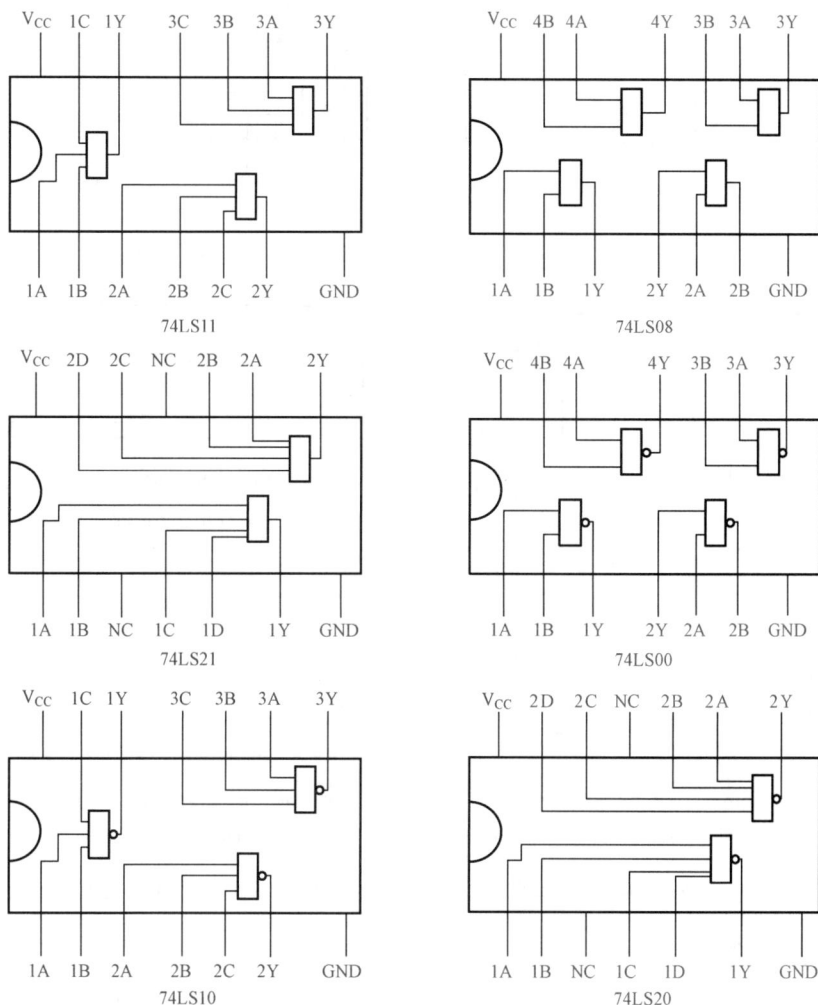

图 2-3　常见 74LS 系列和 74HC 系列与门及与非门管脚排列图

## 三、集成或门和或非门

各种或门和或非门的管脚排列如图 2-4 和图 2-5 所示。图 2-4 属于 74LS 系列和 74HC 系列，图 2-5 为 CD4000B/MC14000B 系列。

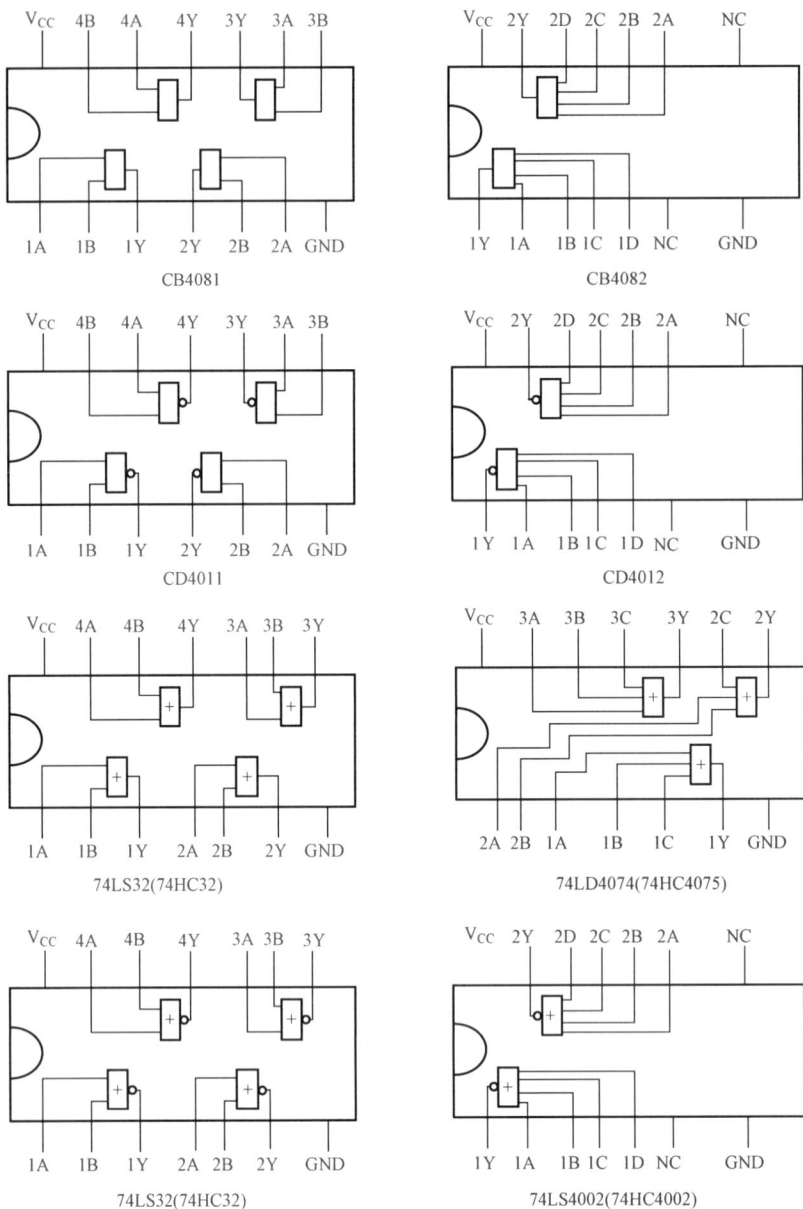

图 2-4 常用 74LS 系列和 74HC 系列或门及或非门管脚排列图

### 四、集成异或门

异或门是实现数码比较常用的一种集成电路。常用的异或门集成电路管脚排列如图 2-6 所示。

### 五、其他实验常用集成电路

除上面提到的一些常用数字集成电路外，在本实验指导书中，还有其他实验常用数字集成电路，其管脚排列图及逻辑公式如下。

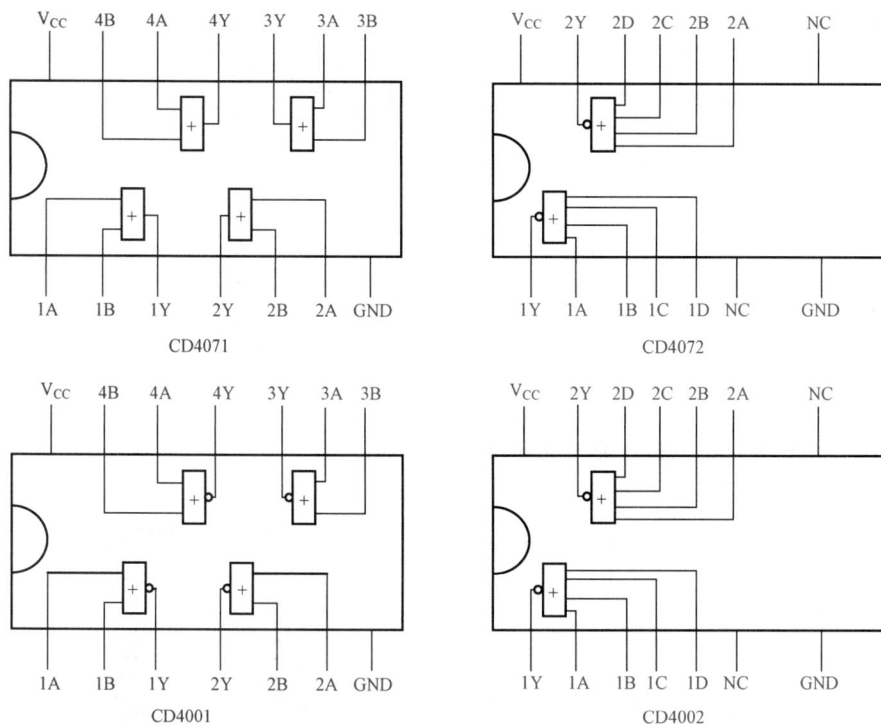

图 2 - 5 常用 CD4000B/MC14000B 系列或门及或非门管脚排列图

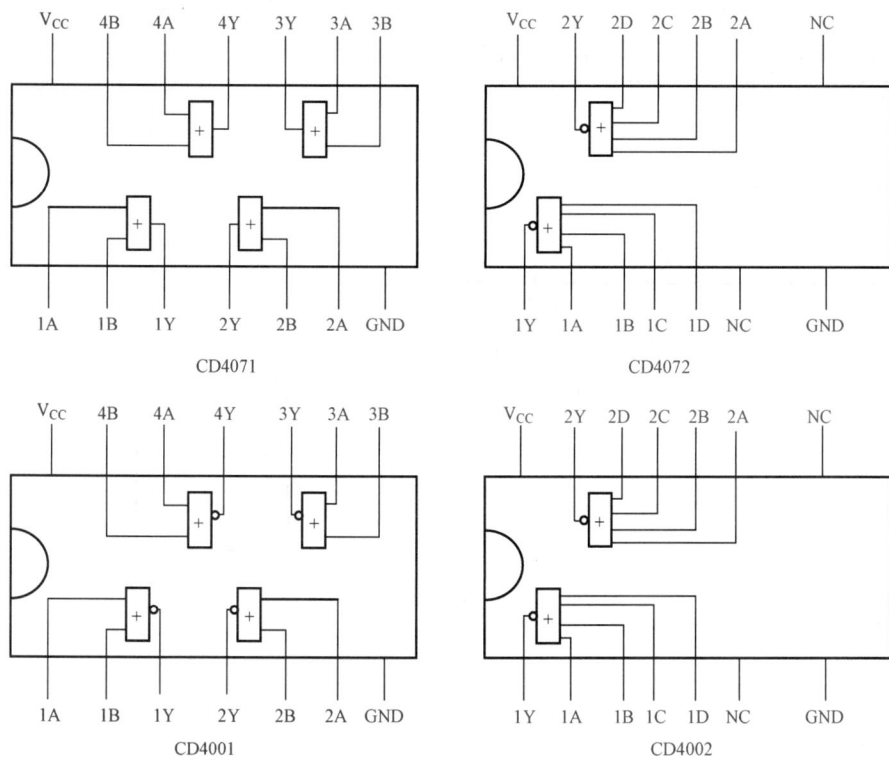

图 2 - 6 常用 CMOS 或门及或非门管脚排列图

**1. 四 2 输入正或非门 74LS28**

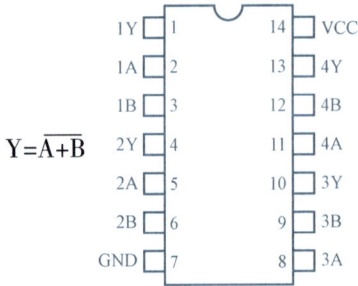

| | |
|---|---|
| 1Y — 1 | 14 — VCC |
| 1A — 2 | 13 — 4Y |
| 1B — 3 | 12 — 4B |
| 2Y — 4 | 11 — 4A |
| 2A — 5 | 10 — 3Y |
| 2B — 6 | 9 — 3B |
| GND — 7 | 8 — 3A |

$Y=\overline{A+B}$

**2. 4-2-3-2 与或非门 74S64**

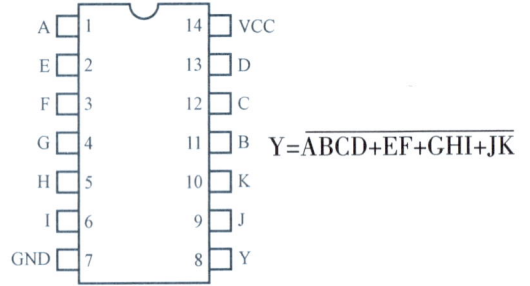

| | |
|---|---|
| A — 1 | 14 — VCC |
| E — 2 | 13 — D |
| F — 3 | 12 — C |
| G — 4 | 11 — B |
| H — 5 | 10 — K |
| I — 6 | 9 — J |
| GND — 7 | 8 — Y |

$Y=\overline{ABCD+EF+GHI+JK}$

**3. 双 D 型正边沿触发器（带预置和清除端）74LS74**

真值表

| 输　　　入 | | | | 输　出 | |
|---|---|---|---|---|---|
| 预置 | 清除 | 时针 | D | Q | $\overline{Q}$ |
| L | H | X | X | H | L |
| H | L | X | X | L | H |
| L | L | X | X | H | H |
| H | H | ↑ | H | H | L |
| H | H | ↑ | L | L | H |
| H | H | L | X | $Q_0$ | $\overline{Q}_0$ |

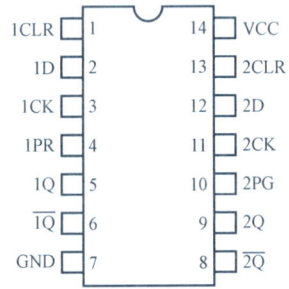

| | |
|---|---|
| 1CLR — 1 | 14 — VCC |
| 1D — 2 | 13 — 2CLR |
| 1CK — 3 | 12 — 2D |
| 1PR — 4 | 11 — 2CK |
| 1Q — 5 | 10 — 2PG |
| $\overline{1Q}$ — 6 | 9 — 2Q |
| GND — 7 | 8 — $\overline{2Q}$ |

**4. 双 J-K 触发器（带清除端）74LS73A**

真值表

| 输　　　入 | | | | 输　出 | |
|---|---|---|---|---|---|
| 清除 | 时钟 | J | K | C | $\overline{Q}$ |
| L | X | X | X | L | H |
| H | ↓ | L | L | Q | $\overline{Q}_0$ |
| H | ↓ | H | L | H | L |
| H | ↓ | L | H | L | H |
| H | ↓ | H | H | 反转 | |
| H | H | X | X | Q | $\overline{Q}_0$ |

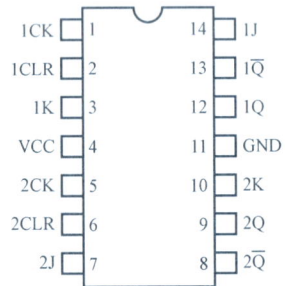

| | |
|---|---|
| 1CK — 1 | 14 — 1J |
| 1CLR — 2 | 13 — $1\overline{Q}$ |
| 1K — 3 | 12 — 1Q |
| VCC — 4 | 11 — GND |
| 2CK — 5 | 10 — 2K |
| 2CLR — 6 | 9 — 2Q |
| 2J — 7 | 8 — $2\overline{Q}$ |

## 5. 三态输出的四总线缓冲门 74LS125

正逻辑

Y＝A

C 为高时输出截止

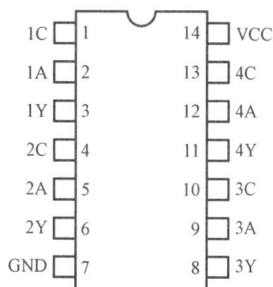

## 6. 双 2—4 线译码器/分配器 74LS139

| 输入端 | | | 输出端 | | | |
|---|---|---|---|---|---|---|
| 允许 | 选择 | | | | | |
| G | B | A | Y0 | Y1 | Y2 | Y3 |
| H | X | X | H | H | H | H |
| L | L | L | L | H | H | H |
| L | L | H | H | L | H | H |
| L | H | L | H | H | L | H |
| L | H | H | H | H | H | L |

## 7. 双 4—1 线数据选择器/多路开关 74LS153

| 选择输入 | | 数据输入 | | | | 选通 | 输出 |
|---|---|---|---|---|---|---|---|
| B | A | C0 | C1 | C2 | C3 | G | Y |
| X | X | X | X | X | X | H | L |
| L | L | L | X | X | X | L | L |
| L | L | H | X | X | X | L | H |
| L | H | X | L | X | X | L | L |
| L | H | X | H | X | X | L | H |
| H | L | X | X | L | X | L | L |
| H | L | X | X | H | X | L | H |
| H | H | X | X | X | L | L | L |
| H | H | X | X | X | H | L | H |

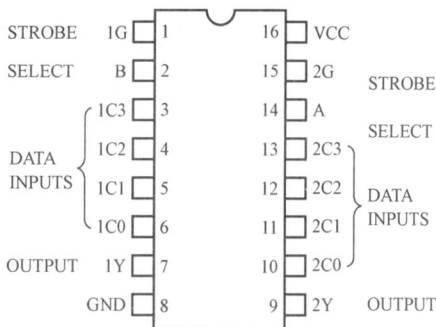

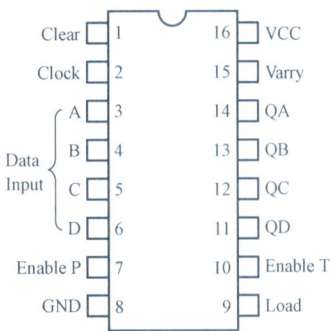

8. 同步十进制计数器 74LS162

（1）Clook 是计数器时钟，上升沿计数。

（2）Clear 为同步清除，低有效。

（3）Load 为同步预置，低有效。

（4）D、C、B、A 是数据预置端。D 是高位。

（5）QD、QC、QB、QA 是计数输出，QD 是高位。

（6）Carry 是进位位，高有效，脉宽与 QA 脉宽相等。

（7）Enable T 和 Enable P 为高时，允许计数。Enable T 为低时，禁止 Carry 输出。

9. GAL16V8

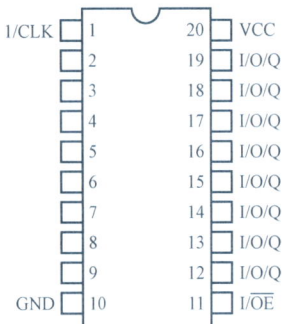

10. EPROM2716

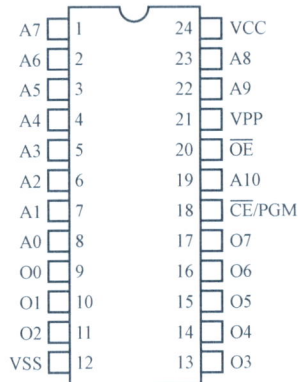

11. ISP1016

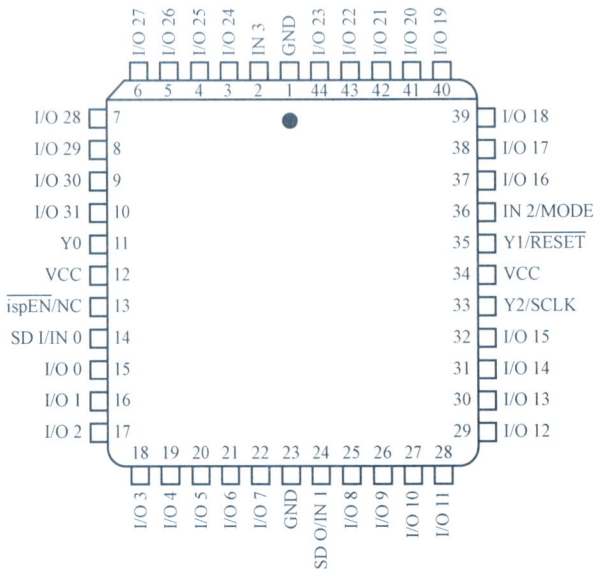

## 12. MACH4-64/32

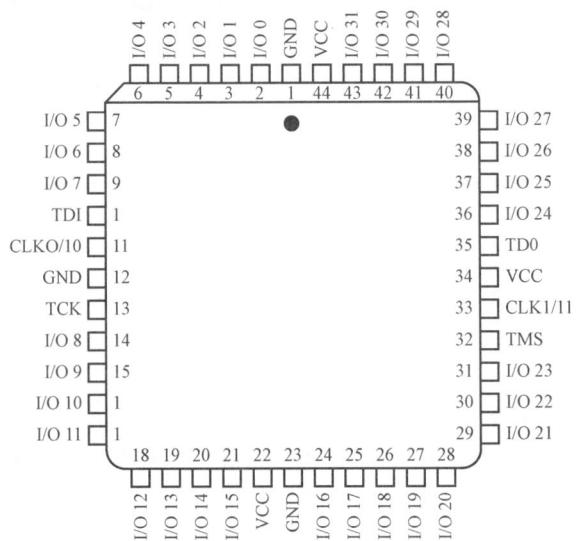

# 第3章

# 电子技术实验须知

## 第1节 实 验 要 求

尽管电子技术各个实验的目的和内容不同，但为了培养良好的学风，充分发挥学生的主动精神，促使其独立思考、独立完成实验并有所创造，我们对电子技术实验的准备阶段、进行阶段、完成阶段和实验报告分别提出下列基本要求。

### 一、实验前准备

为避免盲目性，参加实验者应对实验内容进行预习。要明确实验目的和要求，掌握有关电路的基本原理，查出有关资料，拟出实验方法和步骤，设计实验表格，对思考题做出解答，初步估算（或分析）实验结果（包括参数和波形），最后做出预习报告。

实验前，教师要检查预习情况，并对学生进行提问，预习不合格者不可进行实验。

### 二、实验进行

（1）参加实验者要自觉遵守实验室规则。

（2）根据实验内容合理布置实验现场。仪器设备和实验装置安放要适当。按实验方案搭接实验电路和测试电路。

（3）要认真记录实验条件和所得数据、波形（并进行分析判断所得数据、波形是否正确）。发生故障应独立思考，耐心排除，并记下排除故障过程和方法。

（4）实验时应注意观察，若发现有破坏性异常现象（例如有元件冒烟、发烫或有异味、熔丝烧断等）则应立即关断电源，保持现场，报告指导教师，找出原因、排除故障，经指导教师同意再继续实验。

（5）实验过程中需要改线时，应关断电源后才能拆、接线。

（6）实验过程中应仔细观察实验现象，认真记录实验结果（数据、波形、现象）。所记录的实验结果经指导教师审阅签字后再拆除实验线路。

### 三、实验完成

实验结束后，必须关断电源，拔出电源插头，并将仪器、设备、工具、导线等按规定整理，实验结束后填写所使用仪器的使用记录本。

### 四、实验报告

1. 实验报告内容

（1）列出实验条件，包括何日何时与何人共同完成什么实验，当时的环境条件，使用仪器名称及编号等。

（2）认真整理、处理测试的数据和用坐标纸描绘的波形，并列出表格或用坐标纸画出曲线。

（3）对测试结果进行理论分析，做出简明扼要的结论，找出产生误差的原因，提出减少实验误差的措施。

（4）记录产生故障的情况，说明排除故障的过程和方法。

（5）总结对本次实验的心得体会，以及改进实验的建议。

**2. 实验报告要求**

文理通顺，书写简洁；符号标准，图表齐全；讨论深入，结论简明。

# 第2节 数字电路实验基本知识

## 一、数字集成电路封装

中小规模数字 IC 中最常用的是 TTL 电路和 CMOS 电路。TTL 器件型号以 74（或 54）作前缀，称为 74/54 系列，如 74LS10，74F181，54S86 等。中、小规模 CMOS 数字集成电路主要是 4×× /45××（×代表 0~9 的数字）系列，高速 CMOS 电路 HC（74HC 系列），与 TTL 兼容的高速 CMOS 电路 HCT（74HCT 系列）。TTL 电路与 CMOS 电路各有优缺点，TTL 速度高，CMOS 电路功耗小、电源范围大、抗干扰能力强。由于 TTL 在世界范围内应用极广，在数字电路教学实验中，我们主要用 TTL74 系列电路作为实验用器件，采用单一的＋5V 作为供电电源。

数字 IC 器件有多种封装形式。为了教学实验方便，实验中所用的 74 系列器件封装选用双列直插式。图 3-1 是双列直插封装的正面示意图。双列直插封装有以下特点：

（1）正面（上面）看，器件一端有一个半圆形的缺口，这是正方向的标志。缺口左边的引脚号为 1，引脚号按逆时针方向增加。图 3-1 中的数字表示引脚号。双列直插封装 IC 引脚数有 14、16、20、24、28 等若干种。

（2）双列直插器件有两列引脚。引脚之间的间距是 2.54mm。两列引脚之间的距离有宽（15.24mm）、窄（7.62mm）两种。两列引脚之间的距离能够稍做改变，引脚间距不能改变。将器件插入实验台上的插座中去或者从插座中拔出时要小心，不要将器件引脚折弯或折断。

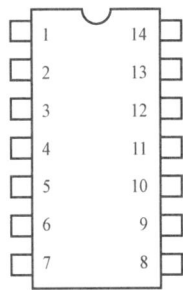

图 3-1 双列直插式封装图

（3）74 系列器件一般左下角的最后一个引脚是 GND，右上角的引脚是 VCC。例如，14 脚器件引脚 7 是 GND，引脚 14 是 VCC；20 引脚器件 10 是 GND，引脚 20 是 VCC。但也有一些例外，例如 16 引脚的双 JK 触发器 74LS76，引脚 13（而不是引脚 8）是 GND，引脚 5（而不是引脚 16）是 VCC。所以使用集成电路器件时要先看清它的引脚图，找对电源和地，避免因接线错误造成器件损坏。

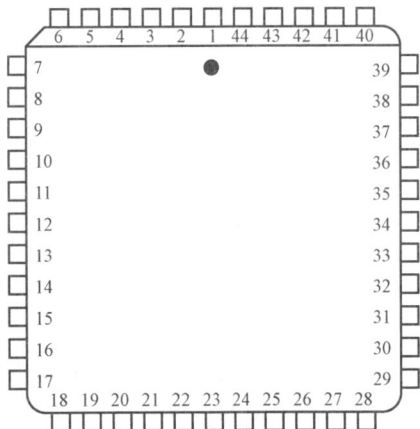

图 3-2 PLCC 封装图

数字电路综合实验中，使用的复杂可编程逻辑器件 MACH4-64/32（或者 ISP1016）是 44 引脚的 PLCC（Plastic Leaded Chip Carrier）封装，图 3-2 是封装正面图。器件上的小圆圈指示引脚 1，引脚号按逆时针方向增加，引脚 2 在引脚 1 的左边，引脚 44 在引脚 1 的右边。MACH4—64/32 电源引脚号、地引脚号与 ISP1016 不同，千万不要插错 PLCC 插座。插 PLCC 器件时，器件的左上角（缺角）要对准插座的左上角。拔 PLCC 器件应使用专门的起拔器。

TDS 实验台上的接线采用自锁紧插头、插孔（插座）。使用自锁紧插头、插孔接线时，首先把插头插进插孔中，然后将插头按顺时针方向轻轻一拧则锁紧。拔出插头时，首先按逆时针方向轻轻拧一下插头，使插头和插孔之间松开，然后将插头从插孔中拔出。不要使劲拔插头，以免损坏插头和连线。

必须注意，不能带电插、拔器件。插、拔器件只能在关断＋5V 电源的情况下进行。

## 二、数字电路测试及故障查找、排除

设计好一个数字电路后，要对其进行测试，以验证设计是否正确。测试过程中，发现问题要分析原因，找出故障所在，并解决它。数字电路实验也遵循这些原则。

### （一）数字电路调试

数字电路测试大体上分为静态测试和动态测试两部分。静态测试指的是给定数字电路若干组静态输入值，测试数字电路的输出值是否正确。数字电路设计好后，在实验台上连接成一个完整的线路。把线路的输入接电平开关输出，线路的输出接电平指示灯，按功能表或状态表的要求，改变输入状态，观察输入和输出之间的关系是否符合设计要求。静态测试是检查设计是否正确，接线是否无误的重要一步。

在静态测试基础上，按设计要求在输入端加动态脉冲信号，观察输出端波形是否符合设计要求，这是动态测试。有些数字电路只需进行静态初试即可，有些数字电路则必须进行动态测试。一般地说，时序电路应进行动态测试。

### （二）数字电路的故障查找和排除

在数字电路实验中，出现问题是难免的。重要的是分析问题，找出问题的原因，从而解决它。一般地说，有四个方面的原因产生问题（故障）：器件故障、接线错误、设计错误和测试方法不正确。在查找故障过程中，首先要熟悉经常发生的典型故障。

#### 1. 器件故障

器件故障是器件失效或器件接插问题引起的故障，表现为器件工作不正常。不言而喻，器件失效肯定会引起工作不正常，这需要更换一个好器件。器件接插问题，如管脚折断或者器件的某个（或某些）引脚没插到插座中等，也会使器件工作不正常。对于器件接插错误有时不易发现，需仔细检查。判断器件失效的方法是用集成电路测试仪测试器件。需要指出的是，一般的集成电路测试仪只能检测器件的某些静态特性。对负载能力等静态特性和上升沿、下降沿、延迟时间等动态特性，一般的集成电路测试仪不能测试。测试器件的这些参数，须使用专门的集成电路测试仪。

#### 2. 接线错误

接线错误是最常见的错误。据有人统计，在教学实验中，大约 70% 以上的故障是由接线错误引起的。常见的接线错误包括忘记接器件的电源和地；连线与插孔接触不良；连线经多次使用后，有可能外面塑料包皮完好，但内部线断；连线多接、漏接、错接；连线过长、过乱造成干扰。接线错误造成的现象多种多样，例如器件的某个功能块不工作或工作不正常，器件不工作或发热，电路中一部分工作状态不稳定等。解决方法大致包括：熟悉所用器件的功能及其引脚号，知道器件每个引脚的功能；器件的电源和地一定要接对、接好；检查连线和插孔接触是否良好；检查连线有无错接、多接、漏接；检查连线中有无断线。最重要的是接线前要画出接线图，按图接线，不要凭记忆随想随接；接线要规范、整齐，尽量走直线、短线，以免引起干扰。

#### 3. 设计错误

设计错误自然会造成与预想的结果不一致。原因是对实验要求没有明确，或者是对所用器件的原理没有掌握。因此实验前一定要理解实验要求，掌握实验线路原理，精心设计。初始设计完成后一般应对设计进行优化。最后画好逻辑图及接线图。

**4.测试方法不正确**

如果不发生前面所述三种错误，实验一般会成功。但有时测试方法不正确也会引起观测错误。例如，一个稳定的波形，如果用示波器观测，而示波器没有同步，则会造成波形不稳的假象。因此要学会正确使用所用仪器、仪表。在数字电路实验中，尤其要学会正确使用示波器。在对数字电路测试过程中，由于测试仪器、仪表加到被测电路上后，对被测电路相当于一个负载，因此测试过程中也有可能引起电路本身工作状态的改变，这点应引起足够注意。不过，在数字电路实验中，这种现象很少发生。

当实验中发现结果与预期不一致时，千万不要慌乱。应仔细观测现象，冷静思考问题所在。首先检查仪器、仪表的使用是否正确。在正确使用仪器、仪表的前提下，按逻辑图和接线图逐级查找问题出现在何处。通常从发现问题的地方，一级一级向前测试，直到找出故障的初始发生位置。在故障的初始位置处，首先检查连线是否正确。前面已说过，实验故障绝大部分是由接线错误引起的，因此检查一定要认真、仔细。确认接线无误后，检查器件引脚是否全部正确插进插座中，有无引脚折断、弯曲、错插等问题。确认无上述问题后，取下器件测试，以检查器件好坏，或者直接换一个好器件。如果器件和接线都正确，则需要考虑设计问题。

## 第 3 节　TDS-1 数字电路实验系统使用说明

### 一、TDS-1 数字电路实验系统性能

使用 TDS-1 数字电路实验系统能够进行从简单数字电路到较复杂数字系统的各种实验，涵盖了数字逻辑和数字系统课程的实验内容。TDS-1 数字电路实验系统的主要性能如下：

（1）在 PC Windows 下运行的 Synario 免费版编程软件。这是 Data I/O 公司设计的一个优秀通用电子设计工具软件，它提供了 ABEL-HDL 设计、原理图设计、ABEL-HDL 和原理图混合设计三种设计方式，使数字电路设计变得十分灵活方便。

（2）两个 44 芯 PLCC 方形插座、MACH 下载电缆及插座、Lattice 下载电缆及插座，供CPILD 和 ISP 器件实验使用。

（3）时钟电路。提供 10MHz、1MHz、500kHz、100kHz 固定时钟和 1～100kHz 可调时钟。

（4）四路单脉冲电路。每路产生一个宽的单脉冲和一个窄的单脉冲。宽单脉冲与按下按键的时间一致，窄单脉冲脉宽与输入的时钟周期相等。按下一个按键，能够在四个输出上各产生一个窄单脉冲，四个单脉冲依次相差一个时钟周期。

（5）EPROM、GAL 编程器。提供对 EPROM、EEPROM 和 GAL 器件的编程手段。

（6）小喇叭及驱动电路。提供时钟报时、报警、音乐用发声装置。

（7）6 个数码管及 BCD 码驱动电路。供数字钟、日历等实验显示用。

（8）12 个 IC 圆孔插座，供中、小规模器件、GAL 器件和 EPROM 器件实验使用。圆孔插座接触良好，耐插拔。

（9）12 个 LED 发光二极管及驱动电路。供指示电平用，或者做交通灯等实验用。

（10）12 个拨动开关。它产生"0"、"1"电平，供电平输入使用。

（11）4.7kΩ 电位器和 10kΩ 电位器，供可调电压使用，或作为可变电阻使用。

（12）内置+5V、1A 直流电源模块，作为实验系统电源。本系统采用多种过压、过流保护措施，抗短路能力强。

（13）采用自锁紧式接插件，接线可靠。

## 二、TDS-1 数字电路实验系统基本组成

图 3 - 3 是 TDS-1 数字电路实验系统布局图。下面简要介绍它的基本组成。

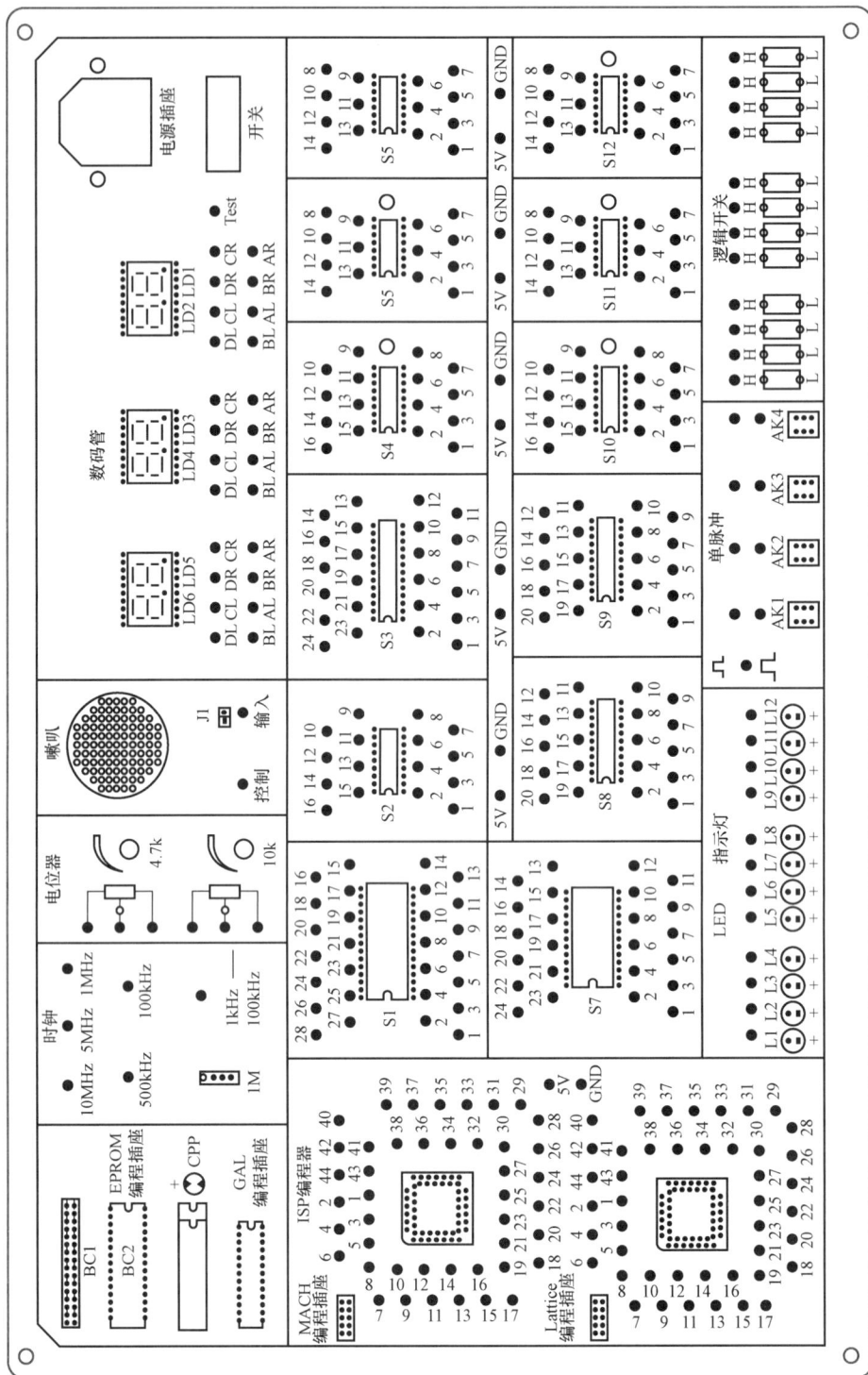

图 3 - 3　TDS-1 数字电路实验系统

### （一）　电源

TDS-1 数字电路实验系统自备一路＋5V、1A 电源。电源部分由电源插座、交流 220V 电源开关、HAS5-5-N 电源模块和自恢复熔丝组成。电源插座内带有可更换的熔断器。装在实验板上的交流电源开关内置指示灯。开关打开时，开关内的指示灯亮，表明交流 220V 市电电源已接通。HAS5-5-N 电源模块转换效率高、发热少、寿命长、体积小（55mm × 45mm × 20.5mm），具有过压保护和过流保护。该电源模块安装简单，用 4 个螺栓固定在实验板下面。为了进一步加强电源系统的抗短路能力，电源模块的 5V 输出经自恢复熔丝后，再连接到实验台上的 5V。因此这个电源系统可靠性高，抗短路能力强。

### （二）　双列直插 IC 圆孔插座

数字电路实验在不同阶段有不同的侧重点。初始阶段需做门电路实验、组合逻辑实验，接着是时序逻辑实验。为了适应这些要求，实验台上安排了 12 个圆孔双列直插插座，包括 14 芯插座 4 个、16 芯插座 3 个、20 芯插座 2 个、24 芯插座 2 个（宽、窄各 1）、28 芯插座 1 个。这些插座供安装中、小规模器件使用，也可以插电阻、电容等元器件。器件引脚通过自锁紧插座对外接线。这些插座没有提供电源和地，实验时使用者应注意连接它们。

### （三）　ISP 器件下载及实验电路

实验台上有 2 个 44 芯 PLCC 插座，一个 10 芯下载插座和一个 8 芯下载插座，连同两条下载电缆，构成两套下载和实验系统，供综合实验或者系统实验使用。一套支持 Lattice 公司的 ISP1016 器件的下载和实验，另一套支持 Vantice（AMD）公司的 MACH4-64 下载和实验。这两个 PLCC 插座的电源和地在印制板上已分别连接好。ISP1016 的电源引脚、地引脚与 M4-64 的电源引脚、地引脚在插座不同位置，使用 PLCC 器件时不要插错插座。

### （四）　时钟源

本实验台提供 4 路精确的时钟：10MHz、1MHz、500kHz、100kHz。10MHz 时钟由石英晶体振荡器产生，准确度高。1MHz、500kHz、100kHz 时钟由 10MHz 时钟源经一片 74HC390 分频后产生。

### （五）　单脉冲及相位滞后脉冲

实验台上安排了 4 个单脉冲按钮 AK1、AK2、AK3、AK4，产生 4 路单脉冲。每个按键的上方有两个对应的插孔，形成两排插孔。下排的插孔输出宽脉冲，上排的插孔输出窄脉冲。每按一次按钮，在下排与此对应的插孔产生一个与按下时间相等的单脉冲，称之为宽脉冲。单脉冲发生器采用 RS 触发器构成的消除抖动电路。

如果把一个时钟源接到"时钟入"插孔，按一次按钮，除在下排的对应插孔产生一个宽单脉冲外，同时还会在上排的 4 个插孔产生 1～4 个窄脉冲，脉冲的宽度与输入时钟周期相同，各窄脉冲相位相差一个输入时钟周期。输出脉冲的个数取决于按钮位置，按钮 AK1 产生 4 个窄脉冲，按钮 AK2 产生 3 个窄脉冲，按钮 AK3 产生 2 个窄脉冲，按钮 AK4 产生 1 个窄脉冲。按钮 AK1 产生的 1 个宽脉冲和 4 个窄脉冲如图 3-4 所示。

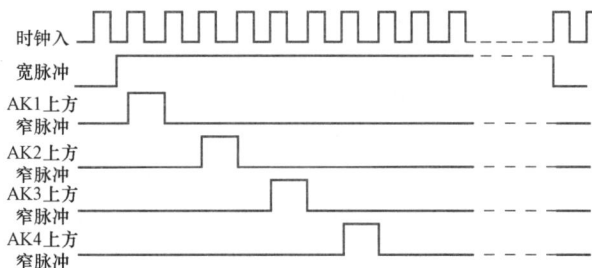

图 3-4　宽脉冲和 4 个窄脉冲

## （六） 逻辑电平开关和发光二极管 LED

逻辑电平开关由 12 只拨动开关组成，拨动开关向上输出高电平，向下输出低电平。各拨动开关的中间头串接一个 $550\Omega$ 的电阻后连到输出插孔。这些逻辑电平供数字电路实验做输入使用。

发光二极管 LED 用来指示信号电平的高低。12 只发光二极管由非门驱动。信号输入插孔接高电平时，发光二极管亮；输入插孔接低电平时，发光二极管灭。

## （七） 数码管及其驱动电路

为了能做较复杂的实验，比如电子时钟和数字频率计等实验，实验台上安装了 6 个共阴极数码管。每个数码管由一片 BCD 七段译码器/驱动器 74LS48 驱动。只需在各数码管的 4 个输入插孔（D 为最高位，A 为最低位）接入 BCD 码，数码管就显示出相应数字。当测试端 Test 接低电平时，所有数码管都将显示"8"。

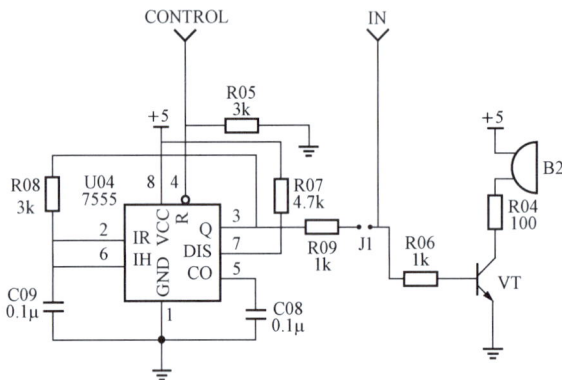

## （八） 小喇叭及驱动电路

这部分由晶闸管电路、喇叭及其驱动电路组成。电路如图 3-5 所示。当 J1 用短路片短路时，它是一个可控声源，可做报警或者报时使用。如果"控制"插孔接高电平，则振荡电路输出频率为 2kHz 左右的方波，驱动喇叭鸣叫。当"控制"插孔接为低电平时，振荡电路输出低电平，喇叭不鸣叫。

当开关 J1 开路时，可从"输入"插孔向喇叭的驱动三极管基极送控制信号。直接控制喇叭按希望的频率变化发声，可以用来做音乐实验。

图 3-5 小喇叭及驱动电路

## （九） EPROM 和 GAL 编程器

### 1. 概述

EPROM 和 GAL 编程器由四部分组成：编程卡、34 芯连接电缆、编程插座和编程软件。实验台上有两个可锁紧插座，28 芯插座（宽）放 EPROM 芯片，24 芯插座（窄）放 GAL 芯片。实验台上的 34 芯牛角矩形插座用来连接编程电缆。TEP-3 编程卡插在计算机中。编程电缆连接在实验台和 TEP-3 编程卡。编程软件控制 EPROM、EEPROM 和 GAL 的读、编程等操作。主要技术指标如下：

（1）可编程芯片。

EPROM：2716～27512，27C16～27C512

EEPROM：2816，2817，2864

GAL：16V8/A/B/C/D，20V8/A/B/C/D

（2）编程电压由编程卡自动产生，由程序控制，连续可调。

（3）对 EPROM 芯片编程有按字节、字、字符串和文件几种写入形式，并自动校验。

（4）GAL 编程采用标准 JEDEC 文件格式。

（5）编程 EPROM 芯片速度大于 1.5KB/节。

（6）手动编辑 GAL 芯片熔丝图。

2. 安装

安装步骤如下：

（1）关闭 PC 机电源，打开 PC 机外壳。

（2）将编程卡插在 PC 机内部任一 ISA 扩展槽中，用螺栓将编程卡固定在机架上。

（3）用连接电缆将编程卡实验台连接在一起。

（4）在 DOS 提示符下，在用户硬盘上建立一个专门供 PLD 使用的子目录。将 PLD 程序盘上的所有文件拷贝到此子目录中。

（5）启动 PLD 程序，计算机屏幕上显示出主菜单。这时即能进行 EPROM 或 PLD 读、写操作。

若用软盘运行 PLD，则应首先将程序拷贝一个备份，用新拷好的盘运行 PLD 程序。

本编程器占用 PC 机 8 个连续 I/O 端口地址，出厂时设定起始地址为 2E0H。可选地址范围 000H～2F8H。如果此地址与其他接口卡 I/O 地址发生冲突，编程器不能正常工作。

TDS-1 实验台 EPROM/GAL 编程器部分有一红色发光二极管 VPP 指示编程电压。编程器所用高、低电压 VPP 和 VCC 均由此程序控制。仅当进行读、写操作时，才向编程插座加电压 VPP 和 VCC。红色 VPP 批示灯亮时，表示工作电压已加到插座盒上，此时不允许插、拔芯片。插、拔芯片时要注意以下事项：

（1）不要在插座盒上同时插有 GAL 和 EPROM 两类芯片。

（2）注意插入芯片的缺口方向与插座盒上标明的方向一致，否则会损坏芯片。

（3）注意芯片型号与所设定的型号要一致。

（4）应该在 PLD 软件运行之后，再插入芯片，插入时 VPP 指示灯不应发亮。

3. PLD 软件使用说明

PLD 软件盘上包括如下文件：

• PLD. EXE　完成对 EPROM、GAL 读、写、校验等各种操作。

• PLDHELP. DOC　在线帮助文本文件，提供在线帮助信息。

• ROMTYPE. DOC　部分 EPROM 芯片 ID 与生产厂家名称、编程电压对照表。

• FM. EXE　FM 编译程序。

（1）PLD 软件基本操作。编程软件 PLD. EXE 是一个在 DOS 下运行的软件。在 DOS 提示符下，键入 PLD 后回车，即可启动 PLD. EXE。运行后首先显示 PLD 软件的版本号，然后在屏幕上端显示主菜单，屏幕下端显示提示信息。主菜单形如：

**UVEPROM　EEPROM　GAL　File　Test　DOS　Inst　Quit**

主菜单中各子菜单条目的含义如下：

UVEPROM　选择紫外线擦除的 27 系列的 EPROM 芯片型号。

EEPROM　选择电擦除的 28 系列 EEPROM 芯片型号。

GAL　选择 GAL 芯片型号。

File　把一种格式的文件转换为另外一种格式文件。

Test　厂家用于系统硬件的检测和故障诊断，用户不能使用。

DOS　暂时进入 DOS 环境。键入 EXIT 命令后从 DOS 回到 PLD。

Inst　系统安装功能。

Quit　退出 PLD 系统。

利用光标控制键←↑→↓可在屏幕上选择所需要的操作。首先将光标移动到目标子菜单条目上，然后按回车键启动该项操作。也可以用菜单命令中每一项的第一个大写字母来启动某项操作。有关 UVEPROM、EEPROM 和 GAL 操作稍后介绍。本节对其余各项操作进行解释。

1）DOS 重入 DOS 操作系统。本命令主要用于在 PLD 软件的运行过程中执行某些 DOS 命令，如 COPY、DIR 命令等。选择主菜单上的 DOS 条目后按回车键即进入 DOS 环境。使用 DOS 命令完毕后，在 DOS 提示符下键入 EXIT 命令返回到 PLD 运行环境。执行该命令要求 COMMAND. COM 文件在当前盘根目录。

2）Inst 系统安装。系统安装包括两项内容，即 I/O 端口地址的设置和显示器类型设置。

• CRT Mode 显示器类型设置。可供选择的显示器类型有彩色（Color）和单色（B/W）两种。一旦设置，系统自动将其记录，供以后使用。

• I/O Address　端口地址设置。按回车键能使端口地址从 000H 逐渐变化到 2F8H。正常情况下，PLD 软件会按约定地址确定编程器的 I/O 端口地址，用户不可随意改动。

3）Quit 退出 PLD 软件。该命令退出 PLD，回到 DOS。选择该功能后，屏幕下方提示栏中提示是否确认退出，用"Y"或"N"回答。

屏幕下方提示栏通常显示：

F1—HELP　F2—Exec　ESC—Exit

F1　处于主菜单选择状态时，选择某一项操作后，再按 F1 键即可得到此操作的在线帮助信息。

F2　选择某一项操作以后，屏幕还可能提示用户输入该操作的其他有关信息，如文件名等。这些信息输入完成后，PLD 等待用户按 F2 键，以启动执行该项操作。所以在 PLD 软件中，F2 键为"执行"键。EPROM 或 GAL 的读、写，文件的格式转换等操作，按 F2 键才能执行。

ESC　使用 ESC 键退出某项操作。

（2）EPROM 编程。EPROM 和 EEPROM 的编程操作基本相同。本节对 EPROM 编程的介绍也适用 EEPROM。在 PLD 主菜单中，选择 UVEPROM 条目，弹出紫外线擦除 PROM 的下拉编程菜单；如果在主菜单中选择 EEPROM，则弹出电擦除 PROM 的编程菜单。对 EPROM 芯片，可进行下列各种操作：

Type　　　设定 EPROM 的型号和编程电压。

Read ID　读出 UVEPROM 内部生产厂家标识和型号标识。

Check　　检查 EPROM 是否为空白芯片。

Display　显示 EPROM 存储的数据。

Write　　对 EPROM 进行编程操作。

Save　　　将 EPROM 内容拷贝到磁盘文件中。

Verify　　对文件和芯片内的内容进行比较。

1）Type 设定型号和编程电压。选择该子项以后，屏幕右侧会出现 EPROM 型号和编程电压的提示框。此时按回车键，EPROM 型号从 2716 到 27512（含 CMOS 芯片）循环变化。选中编程电压栏后按回车键，编程电压在 12.5、21V 和 24V 之间循环变化。用户选择好芯片型号和编程电压以后按 ESC 键予以确认。接着对后续操作进行选择。不要在按 ESC 键后立即按回车键。因为此时仍处于选中 Type 状态，按回车键就预示着进行新的器件类型选择。结果导致前一次器件选择失效。

关于器件型号和编程电压，可参阅 ROMTYPE. DOC 文件或相关器件手册。对于无法确认编程电压的器件，应首先使用较低的编程电压进行编程实验。如果不成功，再逐步提高编程电压。

对于 EEPROM 器件，可选型号有 2816、2817A 和 2864A。这些芯片的编程电压固定为 +5V，所以选择 EEPROM 器件型号时，不必选择编程电压。

2）Read ID 读 EPROM 内部生产厂家标识和型号标识。该操作仅对 UVEPROM 进行。近几年来生产的 EPROM 器件 2732～27512，内部都保存有生产厂家标识和类型标识。当将 EPROM 器件插入编程插座后，执行该命令，屏幕上显示出生产厂家标识和类型标识。内部标识表记录于文件 ROMTYPE. DOC 中。目前文件中收录了绝大部分 Intel 公司器件和部分市场流行的器件标识，对 ROMTYPE. DOC 中未记录的器件，PLD 不能给出有关信息。一般情况下不必使用该项操作，只需用 TYPE 操作设定器件型号和编程电压即可。

3）Check 芯片空白检查。如果被检查 EPROM 器件内的全部字节为 'OFFH'，那么屏幕将显示 "OK"，表示是空白器件。否则 PLD 将显示出第一个非 '0FFH' 单元的地址。

4）Display 显示器件数据。选择该项操作后，PLD 提示用户给出起始地址。输入起始地址后，按 F2 键，屏幕将显示一页共 256 字节的信息。左边一列为地址，中间是数据的十六进制值，右边是数据对应的 ASCII 码。此项操作中，用户可使用下列控制键：

Home　　　　　从 0 地址开始显示一页。

End　　　　　　显示最后一页。

↑ ↓　　　　　　屏幕上滚或下滚一行。

PgDn，PgUp　屏幕下滚或上滚动一页。

SAVE　　　　　保存 EPROM 内容至磁盘文件。

用户使用 SAVE 命令时需给出文件名，EPB（）h1 的起始地址和读出长度，按 F2 键即可执行。注意地址或长度不要造成越界。

5）Write 写操作。本命令将数据写入 EPROM。它要求指定一个地址，指出被写 EPROM 的区域。它有以下七种选择：

A Byte to EPROU　　　　　从键盘输入一个字节（16 进制），写入 EPROM。

A Word to EPROM　　　　从键盘输入一个字（16 进制），写入 EPRDM。高字节放入高地址，低字节放入低地址。

Bytes to EPROM　　　　　从键盘输入若干字节，写入 EPROM。输入过程中，字节之间用空格分开。

String to EPROM　　　　　从键盘输入一字符串，写入 EPROM。字符串按 ASCII 码解释，一个字符占一个字节。

File to EPROM　　　　　　将文件中的数据写入到 EPROM。文件长度和 EPROM 的容量应匹配，以免越界。

File（Even）to EPROM　将文件中的偶数字节写入到 EPROM。

File（Odd）to EPROM　　将文件中的奇数字节写入到 EPROM。

在执行写入操作时可能会产生下列屏幕提示：

out of Range　　　　　　　地址范围越界

OK!　　　　　　　　　　　写入操作成功

False!　　　　　　　　　　写入操作失败

File Not Found　　　　文件未找到

6）Verify 校验操作。本命令将一个磁盘文件的内容与 EPROM 的内容相比较，并显示比较结果。为了保证写操作的可靠性，建议在完成写操作后进行一次校验操作。

（3）GAL 操作。进入 PLD 主菜单后，选择 GAL 条目并按回车键则进入 GAL 子菜单。对 GAL 的操作共有下列 9 种：

1）TYPE 类型。设定可供选择的 GAL 类型有 GAL16V8/A/B/C/D、GAL20V8/A/B/C/D 和 GAL22V8，请注意这几种器件的编程方法和编程电压完全不同，必须正确选择。

2）LOAD 装入 JEDEC 文件。该命令将一个 JEDEC 文件读到内存，以供编辑修改和编程操作。文件装入后，自动进入编辑状态。键入文件名时，扩展名 JED 可以省略。

3）SAVE 保存 JEDEC 文件。该命令是 LOAD 的逆操作。它将内存中的熔丝信息按 JEDEC 标准保存到文件中。文件的缺省扩展名为 JED。

4）READ 读器件内部熔丝图到内存中。该命令可将未加密的 GAL 器件内容读入到内存中，并自动进入到编辑状态。

5）EDIT 熔丝图编辑。该命令用于对 GAL 内部结构的手工编辑，可编辑的内容有：

• 器件电子标签（Elec Signature）。按字母键 'E' 后可输入电子标签，内容可以是任何字符，但长度不应超过 8 个，输入以回车键结束。

• 器件的结构控制位。器件的结构控制位有 SYN、ACO、ACL、POL（极性控制）、PT（积禁止项）和与阵列项。对于这些熔丝，统一用 X 号表示 0，用—号表示 1，按—键、X 键或空格键可以修改熔丝状态；组合键 Alt＋—和 Alt＋X 可以修改一行的熔丝状态，但不含 PT 项。

对于 SYN、ACO、POL 和 ACL 可分别按 S、O、P、L 键后再修改，其熔丝可用←、↑、→、↓、PgUp 和 PgDn 键将光标移动到相应位置后，进行修改。

> 注 意
>
> 　　屏幕每次显示一个输出引脚的熔丝图，共有 8 个，对于 16V8 和 16V8A 来说，引脚号为 19～12，对于 20V8 和 20V8A 来说，引脚号是从 22～15。
> 　　一般来说，JEDEC 文件中不含 GAL 的电子标签信息，因此编程前，可以用 EDIT 命令写入电子标签后再进行编程。

6）Programming 编程。编程操作将内存中的熔丝图写入到 GAL 中，同时给出校验信息，如果需要加密，可接着使用 Mask 命令。

7）VERIFY 校验。该命令读出未加密的 GAL 芯片内容，将它和内存中的熔丝图相比较。报告比较结果。

8）MASK 写加密位。该命令用于对 GAL 器件的保密位进行操作。完成 Mask 操作后，将无法读出 GAL 内的熔丝图。

9）ERASE 擦除 GAL。该命令用于 GAL 擦除。在一般情况下，无须使用这项功能。每次用 Programming 命令对 GAL 编程时，PLD 首先自动进行 GAL 擦除，然后进行编程。

上面介绍了 PLD 软件中有关 GAL 的命令。一般而言，对一个 GAL 器件编程步骤如下：

（1）使用 Load 命令，将一个 JEDEC 文件装入到内存。如果 JEDEC 文件已在内存中，此步骤可省略。

（2）编辑熔丝图，一般仅需编辑电子标签字。此步骤可以省略。

（3）使用 Programming 命令，将熔丝图写到 CAL 中。

（4）必要时用 Mask 命令写 GAL 保密位。此步骤可以省略。

4．FM 软件使用说明

为了方便 GAL 的逻辑设计，随 GAL/EPROM 编程器提供 FM．EXE 编译软件，供 GAL 逻辑设计使用。FM 是 GAL 逻辑设计软件 FAST-MAP 的缩写，使用该软件可以完成对 GAL20V8 和 GAL16V8/A 的逻辑设计。使用步骤如下：

（1）用任一种文本编辑器产生一个后缀为 PLD 的逻辑设计源程序文件。

（2）使用 FM 软件编译逻辑设计源程序文件，产生一个后缀为 PLD 的 JEDEC 文件。

（3）运行 PLD．EXE 将 JEDEC 文件表示的逻辑设计写到 GAL 芯片中。

FM 源文件内部结构应符合下列规定：

（1）GAL 型号标志。说明 GAL 器件的型号，必须起始于第一行第一列，以大写字母 PLD 开头，对于 GAL16V8 和 GAL16V8A 使用 PLD16V8，对于 GAL20V8 和 GAL20V8A 芯片使用 PLD20V8。

（2）标题行。这一部分为设计信息，对编程无本质上的影响，占用第 2～4 行。其中第 4 行为电子标签。

（3）引脚表。这部分是器件引脚信号的定义，从第 5 行开始。定义从 1 号引脚开始，按引脚号递增顺序进行，直至最后一个引脚。其中，不被使用的引脚命名为 NC，电源引脚命名为 VCC，地引脚命名为 GND，其余引脚信号名可以自行命名，但信号名长度不应超过 8 个字符。引脚信号名之间用空格分隔，一行写不下可延长至第二行。

（4）输出逻辑表达式。这一部分为每个输出引脚信号定义逻辑表达式。逻辑表达式可含有下列三种逻辑运算符：

＊　逻辑与

＋　逻辑或

／　逻辑非

由于 GAL 硬件结构的限制，一个表达式中的乘积项数目不能多于 8 个（有三态控制的应小于 8 个），参加"与"运算的引脚信号不应多于 16 个（对 GAL16V8）或 20 个（对 GAL20V8）。表达式中不得有任何括号。FM 不对表达式进行任何化简。

每一个输出引脚信号可通过下列两种赋值运算符对其赋值。

＝　　组合逻辑赋值

：＝　寄存器逻辑赋值

使用"＝"赋值时，等号右边的表达式直接赋给等号左边的输出信号。使用"：＝"赋值时，在下一个时钟脉冲的上升沿到来时，才将等号右边表达式的值赋给等号左边的输出信号。

如果用户需要按某一种逻辑关系对引脚进行三态控制，可使用下面形式的语句：

输出引脚信号名．OE＝表达式

表达式只能由'与'和'非'两种运算组成，即表达式是一个乘积项。

如果对某个引脚信号进行了三态输出控制，那么每个输出引脚信号对应的表达式中最多只能有 7 个乘积项，并且需列出全部输出引脚信号的三态控制逻辑。无须三态控制的输出引脚信号可用 VCC 作为控制逻辑。

如果对输出信号进行负逻辑设计，可在输出引脚信号名前加非运算符。例如，下面两个逻辑等式是等价的：

逻辑等式 1：　x＝A＋B＋C＋/D

逻辑等式 2：　/x＝/A＊/B＊/C＊D

值得注意的是，由于 GAL 结构上的特殊性，有时某些合法的表达式会产生编译错误，这时应该通过阅读 GAL 器件手册或调换某些引脚信号来解决。

（5）说明部分。这一部分以关键字 DESCRIPTION 开始，后面可以跟有任何文字信息，最后以 END 结束，FM 将这一部分理解为注释，对逻辑设计无本质的影响。

在 FM 源程序中，每一语句行可加以注释，每个注释由一个分号开始；最后一行必须用回车结束；一个 PLD 文件的最大长度是 200 行。

FM 的使用方法如下。

1）在 DOS 提示符下，键入 FM 并回车。

2）输入逻辑设计文件名，可省略 PLD 后缀，按回车键后 FM 首先对源文件进行语法检查，检查通过后进入下一步。

3）FM 显示下列操作菜单：

- Create Document File（source plus pinout）
- Create Fuse Plot File（human readable fuse map）
- Create Jedec File（programmer fuse map）
- Get a New Source File
- Exit from Past Map

第一项和第三项是建立列表文件操作，产生后缀为 LST 的列表文件，第二项是建立熔丝图文件操作，产生后缀为 PLT 的熔丝图文件。第三项是建立 JEDEC 文件的操作，产生后缀为 PED 的 JEDEC 文件。第四项是读入一个新源文件操作。第五项是退出 FM 操作。

列表文件和熔丝图文件可供核对参考，JED 文件将用于写 GAL。如果源程序中含有语法错误或存在结构冲突问题，FM 将指出这些问题。出错时可用"Ctrl＋Break"键（同时按下 Ctrl 和 Break 键）退出 FM 软件，在文本编辑器中修改源程序。

**三、Synario 软件的安装和 ISP 器件下载**

**（一）Synario 软件的安装**

Synario 是由 DATA I/O 公司开发的一个通用电子设计软件，在 WINDOWS 平台上运行。它支持 ABEL—HDL 语言、VHDL 语言、原理图三种电子设计方式，以及这些设计方式的混合使用，是可编程器件设计的优秀工具之一。通过与器件公司合作，研制适配软件（接口软件），Synario 支持许多公司（如 Altera、AMD、Lattice、Philips、Xilinx 等）的可编程器件。器件公司发行支持该公司器件设计的 Synario 版本。Synario 软件装在一张光盘上，启动光盘上的 CDSETUP 程序（或类似程序），在该程序的安装指导下，可一步步将 Synario 正确安装。

**（二）ISP 器件下载**

ISP 是在系统可编程（In System Program）的缩写。ISP 器件的出现实现了先安装器件在电路板上，然后对其编程的愿望。这样在不更改系统硬件的条件下，能够对系统进行修改、升级。ISP 器件的在系统编程（下载）是通过 JTAG 接口实现的。JTAG 是 Joint Test Action

Group 的简称。JTAG 接口标准原是为采用边界扫描法测试芯片和电路板制定的标准。ISP 主要是使用 JTAG 接口中的 TDI（Test Data Input）、TDO（Test Data Output）、TMS（Test Mode Select）、TCK（Test Clock）信号，采用了与 JTAG 类似的方法。对 ISP 器件来说，TDI、TCK、TMS 是输入信号，TDO 是输出信号。由于在一块系统板上可能有多个 ISP 器件，为了使用一个下载插座对它们编程，同在 JTAG 接口中一样，这些 ISP 器件在系统板上也连接成"链"的形式，如图 3-6 所示。

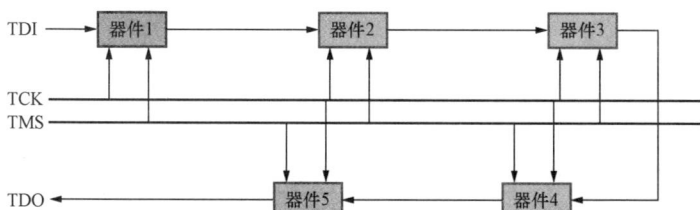

图 3-6 连接图

为了对 ISP 器件下载，在 PC 机上运行的下载程序借用 PC 机的打印机并行端口。PC 机的打印机端口与一条下载电缆连接，下载电缆的另一端接下载插座，ISP 器件通过 TDI、TDO、TMS、TCK 等信号与下载插座相连。下载程序通过打印机数据端口向下载插座发送数据，通过打印机状态端口从下载插座接收数据。这样，在 PC 机上运行的下载程序就能将标准 JEDEC 文件中的数据下载到 ISP 器件中，从而实现对 ISP 器件的在系统编程。

TDS 实验台采用两套下载系统，一套用于 Vantice 公司的 ISP（MACH）器件，一套用于 Lattice 公司的 ISP 器件。采用两套系统，主要是防止干扰。每套下载系统有一条下载电缆，一个下载插座，一个 44 脚 PLCC 插座，连接时要正确连接，注意不要接错。

MACH 下载插座的信号如下：

引脚 1——TCK      引脚 2——NC

引脚 3——TMS      引脚 4——GND

引脚 5——TDI      引脚 6——Vcc 或 NC

引脚 7——TDO      引脚 8——GND

引脚 9——NC      引脚 10——NC

Lattice 下载插座的信号如下：

引脚 1——SCLK      引脚 2——GND

引脚 3——MODE      引脚 4——NC

引脚 5——$\overline{\text{ispEN}}$      引脚 6——SDI

引脚 7——SDO      引脚 8——Vcc

下载前，首先用下载电缆将 PC 机的打印机端口和实验台上的下载插座连接好，将 ISP 器件插入相应 44 脚 PLCC 插座，打开实验台电源。Lattice 公司 ISP 器件的下载程序集成在 ISP Synario 中。Vantice 公司的器件下载软件是一个单独的软件，名为 machpro。使用 machpro 下载前，首先应将光盘上 machpro 子目录下的所有文件拷贝到硬盘上一个独立的子目录中。

TDS 数字电路实验系统目前支持 Lattice 公司和 Vantice（AMD）公司的 PLCC 封装的 44 引脚 ISP 器件下载。下面简要说明下载软件的使用。下载软件的使用。

1. Vantice ISP 器件下载

在 Windows 环境下，单击 machpro 图标启动下载程序，进入下载程序界面。这是一个标准的 Wondows 界面，熟悉 Windows 使用方法的用户很容易掌握。这里介绍 ISP 器件下载主要步骤。

（1）选择 File 菜单中的 New 子菜单条目，打开一个新的下载器件链窗口，生成一个新 ISP 下载器件链。

（2）在链文件窗口下，选择 Edit 菜单中的子菜单条目 Add Device，向下载器件链（此时为空链）中加一个新 ISP 器件。

（3）屏幕上出现 JTAG Part Properties 对话框，用于定义新 ISP 器件下载过程中有关的特性。

• 在 Part（器件型号）对话框中选择新器件的型号，如 M4-64/3244PIN PLCC。

• 在 JTAG Operaton 对话框中选择所需的操作。进行下载操作时，选择 P＝Erase，Program&Verify，Device w/JEDEC File，即进行擦除、编程、编程后与 JEDEC 文件校验。

• 单击 Get File，选择欲下载的文件。文件名出现在 JEDEC File for 对话框中。或者直接在 JEDEC File for 对话框内键入所需的 JEDEC 文件名。

• 单击 Get FiIe，选择输出结果的文件名。文件名出现在 Output Result 对话框中。或者直接在 Output Result 对话框内键入所需的 JEDEC 文件名。此文件用于纪录下载过程出现的现象。如果不进行这一步，结果纪录在 logfile. out 文件中。

• 在 State of IO pins while 对话框中选择 Z＝Tri-state。这是下载时最常用的 IO 引脚状态选择，它指出下载时 IO 引脚处于三态（高阻）状态。

• 最后单击 OK，结束新 ISP—下载器件特性的定义，回到 machpro 主屏幕。

这时可以看到，一个新的 ISP 器件加到了下载链中。单击 GO 按钮，则对链中的所有 ISP 器件（这里只有一个）开始编程，即对它们下载。

2. Lattice ISP 器件下载

（1）在 ISP Synario 主屏幕上，双击 ISP Down Load System，调用 ISP Chain Download 软件。进入 ISP Chain Download 界面。

（2）单击 Configuration 子菜单中的 Port Assignment 条目，选择下载电缆所在的并行口地址。

（3）单击 Configuration 菜单下的 Scan Board 条目，下载软件对下载链中的器件自动扫描，确定下载链中有多少器件，每个器件是何种型号。若连接无误，将会弹出目标器件列表。

（4）在器件列表中的 File 栏内，选择下载到各器件中的相应 JEDEC 文件。

（5）在 Option 栏内选择 Program&Verify，即编程和校验操作。

单击 Command 子菜单中的 Run operation 条目，即启动下载操作。

## 第 4 节　TPE-A3 模拟电路实验箱使用说明

TPE-A3 模拟电路实验箱面板如图 3-7 所示。本实验箱是由一大块单面线路板制成的，共有 9 个功能模块，其正面印有图形、字符，使其功能一目了然。线路板反面设有几百个元器件，实验连线采用高可靠的自锁紧插孔；板上还提供实验必需的直流稳压电源、低压交流电源等。

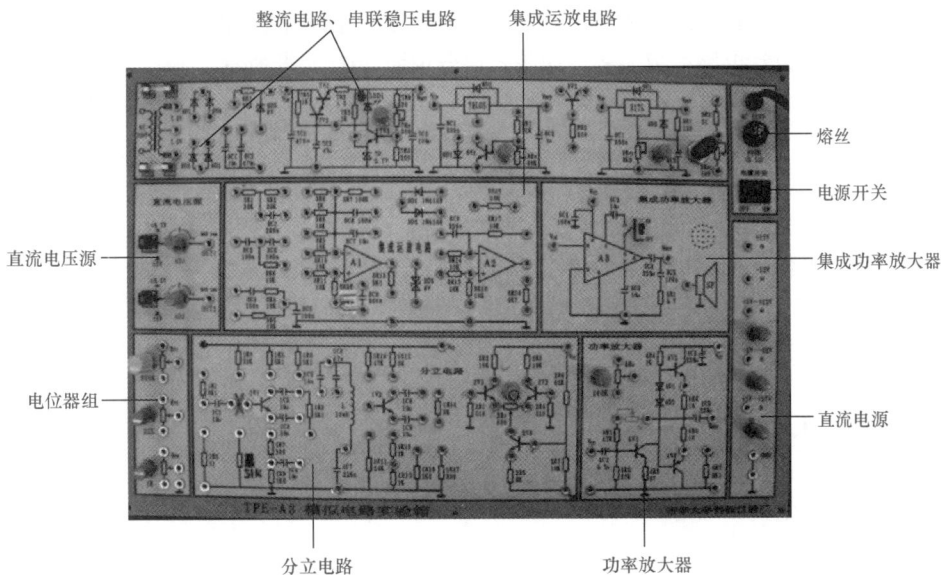

整流电路、串联稳压电路　集成运放电路

熔丝

电源开关

直流电压源

集成功率放大器

电位器组

直流电源

分立电路　　　功率放大器

图 3-7　TPE-A3 模拟电路实验箱面板图

## 第 5 节　Dais 系列实验箱使用说明

Dais 系列实验箱面板图如图 3-8 所示。本实验箱是由一大块单面线路板制成的，共有 11 个功能模块，提供了实验必需的直流稳压电源、低压交流电源。线路板正面印有图形、字符，使其功能一目了然，实验连线采用高可靠的自锁紧插孔。实验箱为大部分实验项目配备了实验

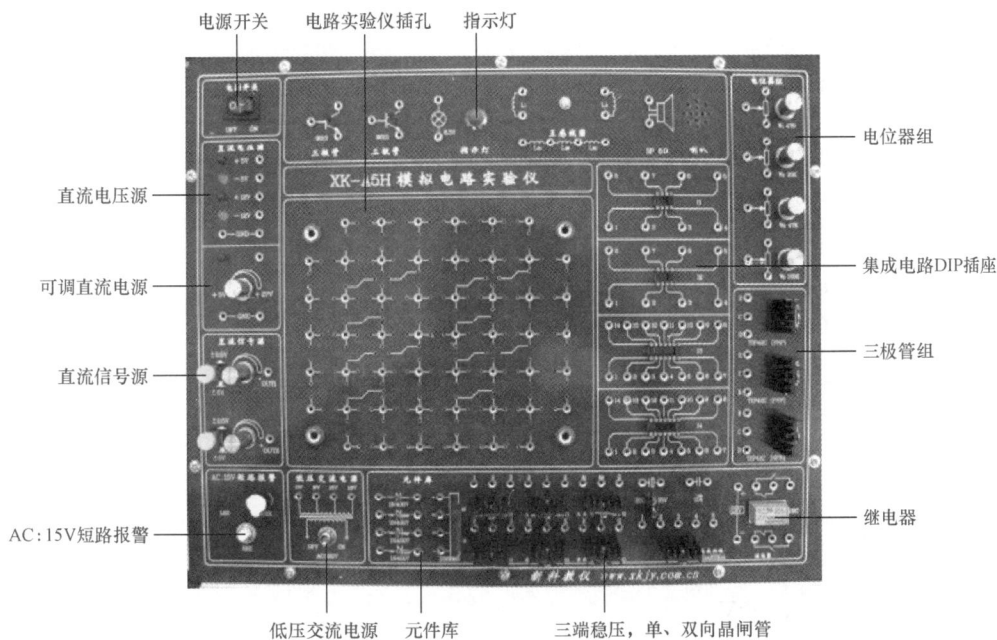

电源开关　电路实验仪插孔　指示灯

电位器组

直流电压源

可调直流电源

集成电路DIP插座

直流信号源

三极管组

AC:15V短路报警

继电器

低压交流电源　元件库　三端稳压，单、双向晶闸管

图 3-8　Dais 系列实验箱面板图

49

电路板，学生可用电路板连线完成实验；另外，线路板上还设有集成电路插座和元器件针管插孔，可由学生自己设计电路完成实验。面板各部分说明如图3-8所示。

## 第6节 函数信号发生器使用说明

SG1651函数信号发生器是一台具有高度稳定性、多功能等特点的函数信号发生器。外形设计典雅坚固，操作方便，能直接产生正弦波、三角波、方波、斜波、脉冲波，且具有VCF输入控制功能。TTL/CMOS可与50Ω输出作同步输出，波形对称可调且具有反向输出，直流电平可连续调节，频率计可用于内部频率显示，也可外测频率，电压用LED显示，同时有50Hz正弦波输出。

### 一、主要技术指标

(1) 频率范围：0.1Hz～2MHz分7挡（SG1651），0.1Hz～5MHz分7挡（SG1652）。

(2) 波形：正弦波、三角波、方波、正向或负向脉冲波、正向或负向锯齿波。

(3) 方波前沿：小于100ns。

(4) 正弦波。

1) 失真：10Hz～100kHz＜1％。

2) 频率响应：0.1Hz～100kHz≤±0.5dB。

100kHz～2MHz≤±1dB（SG1651）。

100kHz～5MHz≤±1dB（SG1652）。

(5) TTL/CMOS输出。

1) TTL脉冲波。

a) 上升沿、下降沿：≤1μs。

b) 低电平：≤0.4V。

c) 高电平：≥3.5V。

2) CMOS脉冲波。

a) 上升沿、下降沿：≤1μs。

b) 低电平：≤0.5V。

c) 高电平：5～14V连续可调。

(6) 输出。

1) 阻抗：50Ω±10％。

2) 幅度：≥20Vp-p（空载）。

3) 输出指示：三位LED数码显示（峰—峰值）。

4) 误差：≤±10％±2个字。

5) 衰减：20、40、60dB。

6) 直流偏置：0～±10V，连续可调。

(7) 对称度调节范围：95∶5～5∶95。

(8) VCF输入。

1) 输入电压：-5～0V。

2) 最大压控比：1000∶1。

3) 输入信号：DC 1kHz。

（9）频率计。

1）测量范围：1Hz～10MHz。

2）输入阻抗：不少于 1MΩ/20pF。

3）灵敏度：100mV/ms。

4）分辨率：100、10、1、0.1、0.01Hz共5挡。

5）最大输入：150V（AC＋DC）（带衰减器）。

6）输入衰减：20dB。

7）测量误差：≤3×10－5 ±1 个字。

（10）50Hz 输出：≥2 Vp-p。

（11）电源适用范围。

1）电压：220V±10％。

2）频率：（50±2）Hz。

3）功率：10VA。

（12）环境条件。

1）温度：0～40℃。

2）湿度：≤RH90％。

3）大气压力：86～104kPa。

（13）外形尺寸：310mm（$L$）×230mm（$B$）×80mm（$H$）。

（14）质量：1.75kg。

## 二、面板图及标志说明

### 1. 面板图

SG1651 函数信号发生器前面板图如图 3-9 所示，后面板图如图 3-10 所示。

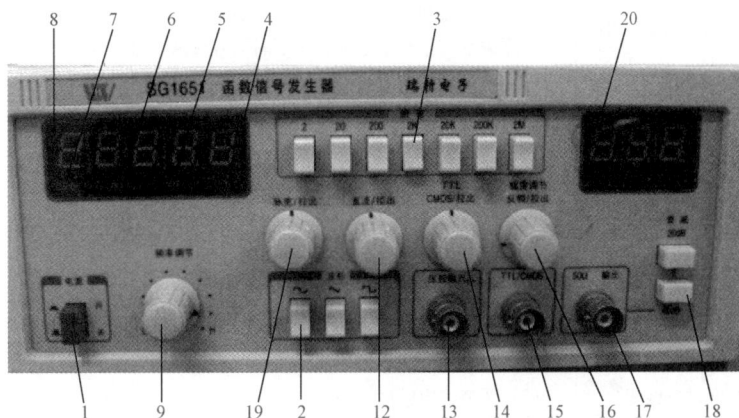

图 3-9　SG1651 函数信号发生器前面板图

### 2. 标志说明

图 3-9、图 3-10 中各标志说明见表 3-1。

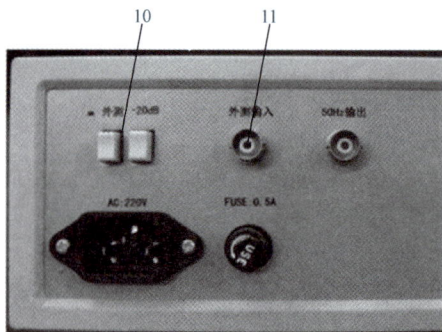

图 3-10 SG1651 函数信号发生器后面板图

表 3-1 面板图中各标志说明

| 序号 | 名称 | 作 用 |
|---|---|---|
| 1 | 电源开关 | 按下开关，电源接通，电源指示灯发亮 |
| 2 | 波形选择 | (1) 输出波形选择<br>(2) 与 16、19 配合可得到正、负向锯齿波和脉冲波 |
| 3 | 频率选择开关 | 频率选择开关与"9"配合选择工作频率 |
| 4 | 频率单位 | 指示频率单位，灯亮有效 |
| 5 | 频率单位 | 指示频率单位，灯亮有效 |
| 6 | 闸门显示 | 此灯闪烁，说明频率计正在工作 |
| 7 | 频率溢出显示 | 当频率超过 5 个 LED 所显示范围时灯亮 |
| 8 | 频率 LED | 所有内部产生频率或外测时的频率均由此 5 个 LED 显示 |
| 9 | 频率调节 | 与"3"配合选择工作频率 |
| 10 | 外接输入衰减 20dB | 频率计内测和外测频率（按下）信号选择<br>外测频率信号衰减选择，按下时信号衰减 20dB |
| 11 | 计数器输入 | 外测频率时，信号由此输入 |
| 12 | 直流偏置<br>调节旋钮 | 拉出此旋钮可设定任何波形的直流工作点，顺时针方向为正，逆时针方向为负，将此旋钮推进则直流电位为零 |
| 13 | VCF 输入 | 外接电压控制频率输入端 |
| 14 | TTL、CMOS 调节 | 拉出此旋钮可得 TTL 脉冲波<br>将此推进为 CMOS 脉冲波且其幅度可调 |
| 15 | TTL/CMOS 输出 | 输出波形为 TTL/CMOS 脉冲可作同步信号 |
| 16 | 斜波倒置开关<br>幅度调节旋钮 | (1) 与"19"配合使用，拉出时波形反向<br>(2) 调节输出幅度大小 |
| 17 | 信号输出 | 输出波形由此输出，阻抗为 50Ω |
| 18 | 输出衰减 | 按下按钮可产生 20dB 或 40dB 衰减 |
| 19 | 斜波、脉冲波<br>调节旋钮 | 拉出此按钮可改变输出波形的对称性，产生斜波、脉冲波且占空比可调，将此旋钮推进则为对称波形 |
| 20 | 电压 LED | 当电压输出端负载阻抗为 50Ω 时，输出电压峰—峰值为显示值的 0.5 倍，若负载（$R_L$）变化时，则输出电压峰—峰值＝$[R_L/(50+R_L)]$×显示值 |

### 三、使用方法

（1）接通 220V 交流电源，按下电源开关。

（2）三角波、方波及正弦波选择。

1）选择波形功能键之一（三角波、方波或正弦波），并选择频率范围按键，然后转动频率调节旋钮，设定所需频率。

2）连接输出端至示波器或其他实验电路。

3）转动幅度调节旋钮，调节输出幅度大小。

4）当需要小信号时，可按下 20dB 或 40dB 衰减。

（3）斜波/脉冲波产生。

1）选择三角波或方波，并选择频率范围按键，然后转动频率调节旋钮，设定所需频率。

2）连接输出端至示波器或其他实验电路。

3）拉出斜波、脉冲波调节旋钮并旋转以调整脉冲宽度或斜波倾斜度。

4）转动幅度调节旋钮，控制斜波/脉冲波输出幅度大小。

5）当需要小信号时，可按下 20dB 或 40dB 衰减。

（4）TTL/CMOS 信号的输出。

1）选择并按下频率范围键，然后转动频率调节旋钮，设定所需频率。

2）连接 TTL/CMOS 输出端至示波器或其他实验电路。

3）此时输出波形为 CMOS 电平脉冲波，拉出此旋钮可得 TTL 电平脉冲波。

（5）外部电压控制频率变化。在此模式操作下，可以用外部直流电压来控制信号发生器的频率。

1）选择波形功能键之一（三角波、方波或正弦波），并选择频率范围按键，然后转动频率调节旋钮，设定所需频率。

2）VCF 输入端输入外部控制电压（0～±10V），并由输出端输出信号。

3）转动幅度调节旋钮，调节输出幅度大小。

4）当需要小信号时，可按下 20dB 或 40dB 衰减。

# 实 验 篇

- 模拟电子技术实验
- 数字电子技术实验

# 第 4 章

# 模拟电子技术实验

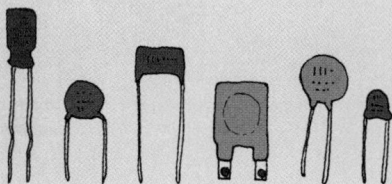

## 实验 1  常用仪器设备的使用

### 实验基础及实验准备

1．实验目的

（1）通过本实验，熟悉信号发生器、示波器、万用表等常用仪器设备的结构、使用方法。

（2）通过本实验，能够会用常用的仪器、仪表测量电阻、交直流电流、交直流电压、非正弦波的波形及峰值（$U_{pp}$）等。

2．实验仪器

（1）数字万用表。

（2）函数信号发生器。

（3）双踪示波器。

3．预习内容

实验前必须查阅实验仪器使用说明，了解实验设备的基本结构、使用方法。

### 实验内容

（1）了解数字万用表的结构、使用方法、注意事项。

（2）了解函数信号发生器的结构、使用方法、注意事项。

（3）了解双踪示波器的结构、使用方法、注意事项。

（4）进行下列练习：

1）调出一个信号用示波器观察：正弦波，$U_{pp}=500\text{mV}$，$f=1\text{kHz}$；用万用表测其电压的有效值。

2）调出一个信号用示波器观察：方波，$U_{pp}=100\text{mV}$，$f=5\text{kHz}$，占空比 25％。

3）调出一个信号用示波器观察：三角波，$U_{pp}=2\text{V}$，$f=10\text{kHz}$，用示波器读出其周期，与计算值进行比较。

4）利用提供的器材测量电阻的阻值、通过电阻的电流、电阻两端的电压、电源电压。

### 思考题

（1）指针式万用表的两表笔与数字式万用表的两表笔在使用上有哪些区别？

（2）指针式万用表的电阻挡与数字式万用表的电阻挡有何区别？

（3）函数信号发生器与双踪示波器信号探头的两个夹子（或一钩一夹）使用时应注意什么？分析一下在示波器上观察不到波形的尽可能多的原因。

# 实验2 电子元件的认识

## 实验基础及实验准备

**1. 实验目的**

（1）通过本实验，能从外观上识别电阻、电容、电位器、二极管、三极管、晶闸管等常用电子元器件。

（2）学会用万用表判断二极管的阳极与阴极，并会判断质量的好坏。

（3）学会用万用表判断电阻、电容质量的好坏。

（4）学会用万用表判断三极管的三个电极及类型。

**2. 实验仪器**

数字万用表。

**3. 预习内容**

（1）实验前必须查阅有关资料，弄懂万用表定性的判断 $R$、$C$（电解电容）的好坏。

（2）弄清判断二极管阳极及阴极的原理，弄懂判断三极管的三个电极、类型的原理。

（3）查阅有关资料（如《电子元件》、《电子技能基础》、《国内外晶体管手册》及本书附录等，图书馆类似的资料较多，不必局限于上述几本，也可上网查询）。了解电阻、电容、二极管、三极管等元器件的主要参数、标注方法、识别方法等。

（4）作业。

1）读出下列电阻的含义。

    A. RJ71　0.125　5.1k　I；

    B. 色环电阻——⊏|||⊐——，色环从左到右的颜色依次是棕红红金

2）读出下列电容的含义。

    A. CJX　250　0.33　±10%；          B. 473；

    C. CD11　25V　47μF　85℃；         D. 100V　4n7　J

3）查出下列二极管的含义及参数。

    A. 2AP9；       B. 2CZ23；      C. 2CW18；       D. IN4007

4）查出下列三极管的含义及参数。

    A. 3AX31A；      B. 3DD15D；      C. C9013；       D. S8050

## 实验内容

从类别、外形、图形符号、文字符号、主要参数、极性识别、好坏辨别等几方面认识电阻、电容、二极管、三极管、晶闸管、集成电路等常用电子元件。

## 实验报告要求

将实验目的中的（2）、（3）、（4）中要求的内容，即如何判断的方法写成实验报告。

扩展阅读 --------------------------------------------------

# 晶 体 管 的 发 明

　　晶体管——20 世纪在电子技术方面最伟大的发明，推动了信息革命，带动了产业革命，开辟了亿万个就业岗位，改变了人类社会工作方式和生活方式，奠定了现代文明社会的基础。

　　晶体管的发明是许许多多科学工作者辛勤工作的结晶。早在 20 世纪 30 年代，从事电话业务的企业就希望能有一种电子器件，它具有电子管的功能但却没有电子管的灯丝。因为加热灯丝不仅消耗能量而且加热需要时间，这就延长了工作时的启动过程；再加上灯丝有一定的寿命，连续使用一年半载就要更换。此外，灯丝发出的热量有时还需要排除。这些缺点给电子管设备的设计者、使用者、维修者带来很多不便。

　　有鉴于此，当时贝尔实验室主任 Kelly 根据 19 世纪以来关于半导体在光照下能产生电流，以及它和金属接触能起到整流和检波的作用的现象，认为半导体有希望取代电子管。为此，要加强对固体物理基础理论的研究。从 1936 年起开始招聘有关的尖端人才，组成研究小组。那时，肖克力和布莱顿都是其中的成员，他们共同研究的课题是氧化铜的工作原理。肖克力想以氧化铜制成三极管，但实验屡次失败。

　　1939 年贝尔实验室的科学家制成两个方向导电性能不同的硅棒，而且用光照时能产生电流。他们定义一端为 P 另一端为 N。后来 Theuzer 发现，将微量的硼加入融化的硅中，冷却后即成为 P 型半导体，而将微量的磷加入后，即成 N 半导体。

　　随着第二次世界大战爆发，肖克力和布莱顿都另有任务，他们的研究课题就搁置下来。第二次世界大战结束后，肖克力和布莱顿又回到了贝尔实验室，那时 Kelly 已是贝尔实验室的副总经理，他继续推行研究固体物理的方针，于 1945 年成立固体物理研究小组，由肖克力任组长。肖克力上任后做的第一件事就是聘用巴丁和其他一些科学家，第二件事是整理过去有关半导体方面的文献，第三件事是到普渡大学调研，尽可能获得最新信息，然后提出构成一个半导体三极管的设想。那就是将一片金属覆盖在半导体上面，利用金属与半导体之间的电压所产生的电场来控制在半导体中通过的电流，这基本上是结型场效应管的工作原理。不幸的是，布莱顿等人进行了多次试验都没有成功。

　　1946 年巴丁分析了失败的原因，提出了表面状态理论。即由于半导体的表面晶体有缺陷，它能捕获电子，形成对电场的屏蔽，使场效应无法实现。1947 年的下半年，他们已经采用在金属与半导体之间加入电解质并在它和半导体之间通电以消除表面状态的方法，使半导体的表面电阻能在一定范围内变化，但还存在没有电压增益以及频率响应只能达到 10Hz 等缺点。1947 年 12 月 11 日，同组的物理化学家 Gibney 向他们提供了一个 N 型锗片，上面生成了氧化层（取代电解质），在氧化层上面又沉淀了 5 个小金粒。布莱顿在金粒上面打了一个小洞，用钨丝穿过小洞和氧化层达到半导体作为一个电极，希望通过改变金粒和半导体之间的电压能改变电极和半导体之间的电阻（或流过半导体的电流）。布莱顿在做实验时，发现金粒与半导体之间的电阻很小，二者几乎形成短路，即氧化层没有起绝缘作用。而当布莱顿在金粒和钨丝加上负电压后，发现没有输出信号。在操作过程中，布莱顿不小心将钨丝和金粒短路，将金粒烧毁。布莱顿分析失败的原因，是由于用水冲洗时将氧化层的氧化膜一起冲走，从而造成短路。他将钨丝电极移到金粒的旁边，加上负电压，而在金粒上加了正电压，突然间，在输出端出现和输入端变化相反的信号，巴丁和布莱顿立刻意识到一个历史性的新纪元开始了。初步测试的结果显示：电压放大倍数为 2，上限频率可达 10 000 Hz。至此，前面所说的两个缺点都被克服。此后的几天，他们把试验装置进行了改进，测得的功率增益为大于 18。

根据记录，晶体管的发明时间应该是 1947 年 12 月 15 日，根据小组成员对这项工作的贡献大小，推举巴丁和布莱顿为发明人。考虑肖克力在发明前后对晶体管理论的研究成就，他和巴、布三人共同获得 1956 年诺贝尔物理学奖。

## 实验 3  单 级 放 大 器

### 实验基础及实验准备

1．实验目的

（1）熟悉模拟电路实验箱。

（2）掌握放大器静态工作点的调试方法及其对放大器性能的影响。

（3）学习测量放大器 $Q$ 点、Av 的方法，了解共射极电路特性。

（4）学习放大器的动态性能。

2．实验仪器

（1）双踪示波器。

（2）函数信号发生器。

（3）数字万用表。

（4）TPE-A3 实验箱/Dais 系列实验箱（二选一）。

3．实验原理

晶体管是一个非线性元件，当 $U_{cc}$、$R_{cc}$ 及输入信号幅值选定后为了使放大器的工作不进入非线性区产生波形失真，就必须设置一个合适的静态工作点 $Q$。为了获得最大不失真输出电压，静态工作点应该设置在输出特性曲线上交流负载线的中点。若工作点设置过高，就会引起饱和失真；若设置过低，就会产生截止失真。

另外，晶体管还是一个对温度十分敏感的元件，当放大电路工作后，由于温度的升高，晶体管的参数发生变化，集体电极电流的增大，已经设置好的静态工作点上移，交流工作易进入饱和区，产生失真。

因此静态工作点不仅要正确设置，而且要设法稳定，不受温度的影响。本实验采用分压式偏置放大电路，该电路称静态工作点稳定的放大电路，如图 4-1 所示。

（1）静态工作点

$$U_{CEQ} \approx U_{cc} - I_{cq}(R_c + R_{e1} + R_{e2})$$

（2）动态参数：电压放大倍数为

$$A_u = \frac{U_o}{U_i} = \frac{-\beta R_L'}{r_{be}}$$

其中 $\quad r_{be} = 300 + (1+\beta)26(mV)/I_{EQ}, R_L' = R_c // R_L$

（3）输入电阻：理论上 $\quad R_i = R_b // r_{be}$

实验中，断开 $R_2$，则

$$R_i = \frac{U_i}{I_i} = \frac{U_i}{\dfrac{U_i - U_i'}{R_1}} = \frac{U_i}{U_i - U_i'} R_1$$

（4）输出电阻：理论上 $R_o \approx R_c$；实验中，$R_o = \left(\dfrac{U_o}{U_{oL}} - 1\right)R_L$

**注 意**

$U_o$ 是 $R_L = \infty$ 的测量值，$U_{oL}$ 是 $R_L = 5.1k\Omega$ 时的测量值。

**4. 预习内容**

（1）三极管及单管放大器工作原理。

（2）放大器动态及静态测量方法。

**TPE-A3实验箱实验内容**

实验电路如图 4-1 所示。

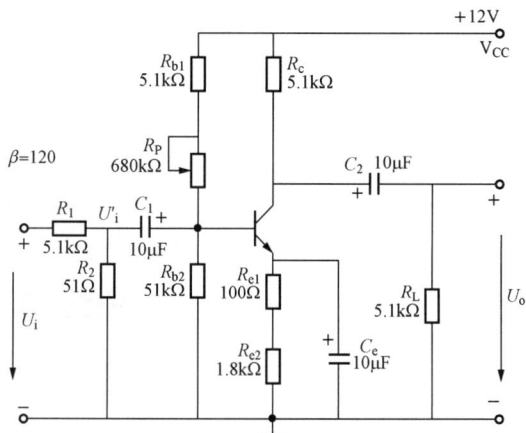

图 4-1　实验电路

**1. 静态调整**

调整 $R_P$ 使 $U_e = 2.2V$，测量并填表 4-1。

**表 4 - 1**　　　　　　　　　　　　　　测 量 数 据

| 实　　　测 | | | | |
|---|---|---|---|---|
| $U_{BE}$（V） | $U_{CE}$（V） | $R_P$（kΩ） | $I_B$（μA） | $I_c$（mA） |
| | | | | |

### 2. 动态研究

（1）将信号发生器调到 $f=1$kHz，幅值为 500mV，接到放大器输入端 $U_i$，测量 $U_o$ 填入表 4 - 2，观察 $U_i$ 和 $U_o$ 端波形，并比较相位。

**表 4 - 2**　　　　　　　　　　　　　　测 量 数 据

| 实　　　测 | | 实 测 计 算 |
|---|---|---|
| $U_i'$(mV) | $U_o$（V） | $A_u$ |
| | | |

（2）保持 $U_i=500$mV 不变，增大和减小 $R_P$，观察 $U_o$ 波形变化，测量并填入表 4 - 3。

**表 4 - 3**　　　　　　　　　　　　　　测 量 数 据

| $R_p$ | $U_b$ | $U_c$ | $U_e$ | 输出波形情况 |
|---|---|---|---|---|
| 合适（$U_e=2.2$V 时） | | | | |
| 最大 | | | | |
| 最小 | | | | |

### 注意

若失真观察不明显可增大或减小 $U_i$ 幅值重测。

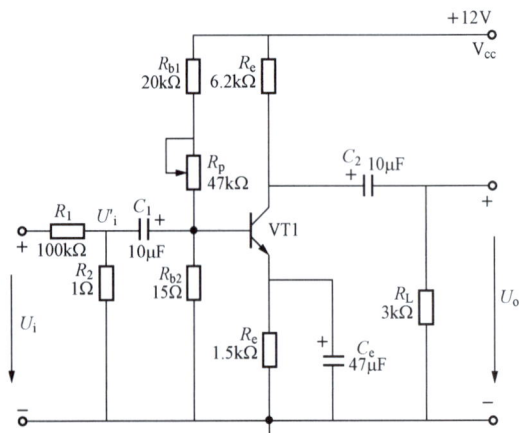

图 4 - 2　实验电路

### 3. 测试

自拟实验过程和方法，测试单级放大电路的输入电阻和输出电阻。

**Dais系列实验箱实验内容**

实验电路如图 4 - 2 所示。

### 1. 静态调整

调整 $R_P$ 使 $U_e=2.0$V，测量并填表 4 - 4。

### 2. 动态研究

（1）将信号发生器调到 $f=1$kHz，幅值为 500mV，接到放大器输入端 $U_i$，测量 $U_o$ 填入表 4 - 5，观察 $U_i$ 和 $U_o$ 端波形，并比较相位。

表 4 - 4　　　　　　　　　　　　　　　测 量 数 据

| 实　　　　　测 | | | | |
|---|---|---|---|---|
| $U_{BE}$（V） | $U_{CE}$（V） | $R_P$（kΩ） | $I_B$（$\mu$A） | $I_c$（mA） |
|  |  |  |  |  |

表 4 - 5　　　　　　　　　　　　　　　测 量 数 据

| 实　　　　　测 | | 实　测　计　算 |
|---|---|---|
| $U_i'$(mV) | $U_o$（V） | $A_u$ |
|  |  |  |

（2）保持 $U_i$＝500mV 不变，增大和减小 $R_p$，观察 $U_o$ 波形变化，测量并填入表 4 - 6。

表 4 - 6　　　　　　　　　　　　　　　测 量 数 据

| $R_p$ | $U_b$ | $U_c$ | $U_e$ | 输出波形情况 |
|---|---|---|---|---|
| 合适（$U_e$＝2.0V 时） |  |  |  |  |
| 最大 |  |  |  |  |
| 最小 |  |  |  |  |

注 意

若失真观察不明显可增大或减小 $U_i$ 幅值重测。

3. 测试

自拟实验过程和方法，测试单级放大电路的输入电阻和输出电阻。

实验报告要求

（1）注明所完成的实验内容和思考题，简述相应的基本结论。

（2）整理实验数据，分析实验结果。

## 实验 4　两级负反馈放大电路

实验基础及实验准备

1. 实验目的

（1）研究负反馈对放大器性能的影响。

（2）掌握反馈放大器性能的测试方法。

2. 实验仪器

（1）双踪示波器。

（2）函数信号发生器。

（3）数字万用表。

（4）TPE-A3 实验箱/Dais 系列实验箱（二选一）。

3. 实验原理

在电子电路中，将输出量的一部分或全部通过一定的方式作用到输入回路，用来影响输入量的措施称为反馈。使放大电路净输入量增大的反馈称为正反馈，使放大电路净输入量减弱的反馈称为负反馈。信号从输入到输出只有一个流向，不存在其他的信号流通途径，也就是不存在反馈，这种情况称为开环；输出端反馈到输入端的信号，形成反馈通路，这种情况称为闭环。

负反馈在电子电路中有非常广泛的应用，虽然它使放大器的放大倍数降低，但能在多方面改善放大器的动态指标，如稳定放大倍数，改变输入、输出电阻，减小非线性失真和展宽通频带等。

负反馈放大器有四种组态，即电压串联负反馈、电压并联负反馈、电流串联负反馈、电流并联负反馈。负反馈放大器的放大倍数一般表示式为

$$A_f = \frac{A}{1+AF}$$

式中：$A$ 为开环放大位数；$A_f$ 为闭环放大倍数；$F$ 为反馈系数；$1+AF$ 为反馈深度。

4. 预习内容

（1）认真阅读实验内容要求，估计待测量的变化趋势。

（2）电路中晶体管 $\beta$ 值为 120，计算该放大器开环和闭环电压放大倍数。

TPE-A3实验箱实验内容

实验电路如图 4-3 所示。

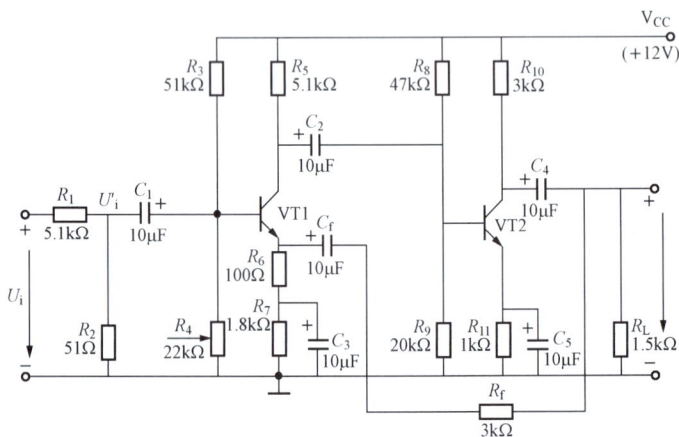

图 4-3 实验电路

1. 负反馈放大器开环和闭环放大倍数的测试

（1）开环电路。

1）按图接线，$R_f$ 先不接入。

2）输入端接入 $U_i = 100\text{mV}$，$f = 1\text{kHz}$ 的正弦波（注意输入 100mV 信号经输入端电阻网络 $R_1$、$R_2$ 衰减后，可得 $U_i' \approx 1\text{mV}$）。

3）按表 4 - 7 要求进行测量并填表。

4）根据实测值计算开环放大倍数和输出电阻 $r_o$。

（2）闭环电路。

1）接通 $R_f$，输入端接入 $U_i = 1000\text{mV}$，$f = 1\text{kHz}$ 的正弦波。

2）按表 4 - 7 要求测量并填表，计算 $A_{uf}$。

3）根据实测结果，验证 $A_{uf} \approx 1/F$。

**表 4 - 7**　　　　　　　　**测　量　数　据**

| | $R_L$（kΩ） | $U_i'(\text{mV})$ | $U_o$（mV） | $A_u$（$A_{uf}$） |
|---|---|---|---|---|
| 开环 | ∞ | 1 | | |
| | 1K5 | 1 | | |
| 闭环 | ∞ | 10 | | |
| | 1K5 | 10 | | |

2. 设计实验

自行设计实验方法测试开环和闭环放大器的频率特性（注意：输出空载，测通频带，闭环时应加大输入信号）。

**Dais系列实验箱实验内容**

实验电路如图 4 - 4 所示。

1. 负反馈放大器开环和闭环放大倍数的测试

（1）静态工作点调整。调节电位器 $R_{P1}$ 和 $R_{P2}$，分别使 $U_{C1} = 3.5\text{V}$，$U_{C2} = 4.8\text{V}$。

（2）开环电路。

1）按图接线，$R_f$ 先不接入，按（1）的要求调整电路。

2）输入端接入 $U_i = 100\text{mV}$，$f = 1\text{kHz}$ 的正弦波（注意输入 100mV 信号采用输入端衰减后使 $U_i'$ 为 1mV）。

3）按表 4 - 8 要求进行测量并填表。

4）根据实测值计算开环放大倍数和输出电阻 $r_o$。

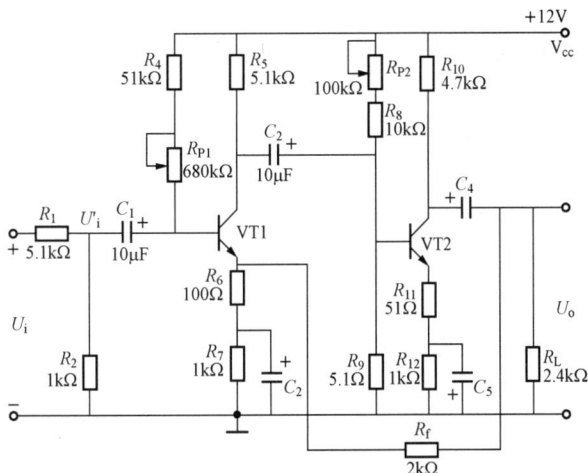

图 4 - 4　实验电路

（3）闭环电路。

1）接通 $R_f$，按（1）的要求调整电路。

2）输入端接入 $U_i = 1000mV$，$f = 1kHz$ 的正弦波，按表 4-8 要求进行测量并填表，计算 $A_{uf}$。

3）根据实测结果，验证 $A_{uf} \approx 1/F$。

**表 4-8**　　　　　　　　　　**测 量 数 据**

|  |  | $R_L$（kΩ） | $U_i'$(mV) | $U_o$（mV） | $A_u$（$A_{uf}$） |
|---|---|---|---|---|---|
| 开环 | | ∞ | 1 | | |
| | | 2K4 | 1 | | |
| 闭环 | | ∞ | 10 | | |
| | | 2K4 | 10 | | |

**2. 设计实验**

自行设计实验方法测试开环和闭环放大器的频率特性（注意：输出空载，测通频带，闭环时应加大输入信号）。

**实验报告要求**

（1）将实验值与理论值比较，分析误差原因。

（2）根据实验内容总结负反馈对放大电路的影响。

# 实验5　差 动 放 大 电 路

**实验基础及实验准备**

**1. 实验目的**

（1）熟悉差动放大器工作原理。

（2）掌握差动放大器的基本测试方法。

**2. 实验仪器**

（1）数字万用表。

（2）TPE-A3 实验箱/Dais 系列实验箱（二选一）。

**3. 实验原理**

图 4-5 是一个差动放大器实验原理电路，$R_p$ 为调零电位器，信号从 $U_{i1}$ 两端输入，从 $VT_1$、$VT_2$ 两管集电极分别输出 $U_{c1}$、$U_{c2}$、$U_0$。电阻 $R_{b1}$、$R_{b2}$ 为均压电阻。

（1）差动输入，双端输出。在图 4-5 中，若输入信号 $U_i$ 加于 $U_{i1}$、$U_{i2}$ 两端，则 $U_{i1} = \frac{1}{2}U_i$；

$U_{i2} = \frac{1}{2}U_i$，其差模放大倍数为

$$A_d = \frac{v_0}{v_i} = -\frac{\beta R_c}{r_{be} + (1+\beta)\frac{R_p}{2}}$$

其中，$A_d$ 等于单管时的放大电路。

（2）单端输入，双端输出。在图 4-5 中，$U_{i1}$ 端输入信号，而 $U_{i2}$ 接地，则电路为单端输入，双端输出。其差模电压放大倍数与上式相同。

共模抑制比。在图 4-5 中，若信号同时接在 $U_{i1}$ 与 $U_{i2}$ 两端相连接，作为输入信号一端 $U_i$，共模信号加到 $U_i$ 与地之间。

若为双端输出，则在理想情况下，$A_c = 0$。

若为单端输出，则共模放大倍数 $A_c \approx \dfrac{R_c}{R_e}$（注差动长尾接 $R_e$ 时）。

由共模抑制比 KCMR＝│$A_d/A_c$│可知，欲使 KCMR 大，就要求 $A_d$ 大，$A_c$ 小；欲使 $A_c$ 小，就要求 $R_e$ 大。图 4-5 共模放大由于 $VT_3$ 的恒流作用，等效的 $R_e$ 极大，显然，KCMR 很大。

图 4-5　实验电路

4. 预习内容

（1）计算图 4-5 或图 4-6 电路的静态工作点（设 $r_{BE}=3k\Omega$，$\beta=100$）及电压放大倍数。

（2）在图 4-5、图 4-6 所示电路的基础上画出单端输入和共模输入的电路。

### TPE-A3实验箱实验内容

实验电路如图 4-5 所示。

1. 测量静态工作点

（1）调零，将输入端 $U_{i1}$、$U_{i2}$、短路并接地，接通直流电源，调节电位器 $R_{P1}$ 使双端输出电压 $U_0 = 0$。

（2）测量静态工作点。测量 VT1、VT2、VT3 各极对地电压填入表 4-9 中。

表 4-9　　　　　　　　　　　　测　量　数　据

| 对地电压 | $U_{e1}$ | $U_{e2}$ | $U_{e3}$ | $U_{b1}$ | $U_{b2}$ | $U_{b3}$ | $U_{c1}$ | $U_{c2}$ | $U_{c3}$ |
|---|---|---|---|---|---|---|---|---|---|
| 测量值 | | | | | | | | | |

2. 测量差模电压放大倍数（双端输出时以 VT2 的集电极为准，即黑表笔接此端）

在输入端加入直流电压信号 $U_{id}=\pm 0.1V$，按表 4-10 要求测量并记录，由测量数据算出单端和双端输出的电压放大倍数。注意先接好线再调直流信号，使其分别为 +0.1V 和 -0.1V 接入 $U_{i1}$ 和 $U_{i2}$。

3. 测量共模电压放大倍数

将输入端 b1、b2 短接，接到信号源的输出端。使其分别为 +0.1V 和 -0.1V，分别测量并填入表 4-10。由测量数据算出单端和双端输出的电压放大倍数。进一步算出共模抑制比 KCMR＝│$A_d/A_c$│。

4. 在实验板上组成单端输入的差放电路进行实验

在电路图 4-5 中将 b2 接地，组成单端输入差动放大器，从 b1 端输入直流信号 $U_i =$

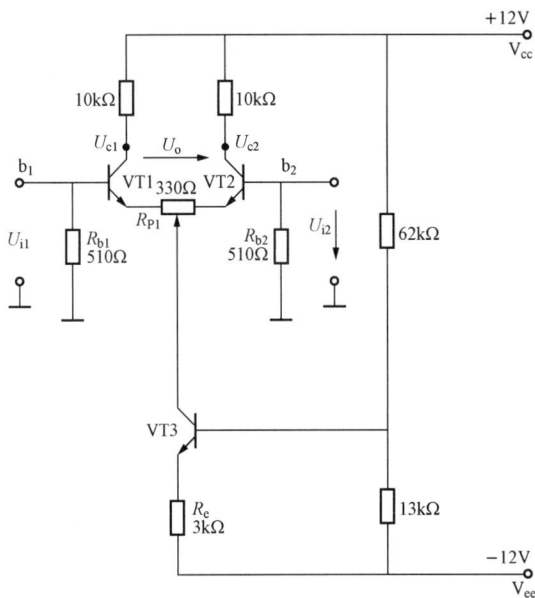

±0.1V，测量单端及双端输出，填表 4-11 记录电压值。计算单端输入时的单端及双端输出的电压放大倍数。并与双端输入时的单端及双端差模电压放大倍数进行比较。

表 4-10                                     测 量 数 据

| 差模输入（输入±0.1V） | | | | | | 共模输入（$U_{b1}=U_{b2}=+0.1V$ $U_{b1}=U_{b2}=-0.1V$） | | | | | | 共模抑制比 |
|---|---|---|---|---|---|---|---|---|---|---|---|---|
| 测量值（V） | | | 计算值 | | | 测量值（V） | | | 计算值 | | | 计算值 |
| $U_{c1}$ | $U_{c2}$ | $U_{0双}$ | $A_{d1}$ | $A_{d2}$ | $A_{d双}$ | $U_{c1}$ | $U_{c2}$ | $U_{o双}$ | $A_{c1}$ | $A_{c2}$ | $A_{c双}$ | KCMR |
|  |  |  |  |  |  |  |  |  |  |  |  |  |
|  |  |  |  |  |  |  |  |  |  |  |  |  |

表 4-11                                     测 量 数 据

| 测量仪计算值＼输入信号 | 电 压 值 | | | 放大倍数 $A_u$ |
|---|---|---|---|---|
|  | $U_{c1}$ | $U_{c2}$ | $U_o$ |  |
| 直流＋0.1V |  |  |  |  |
| 直流－0.1V |  |  |  |  |

5. 自行设计实验方法和步骤测试单端交流输入单端输出

**Dais系列实验箱实验内容**

（1）实验电路如图 4-6 所示。

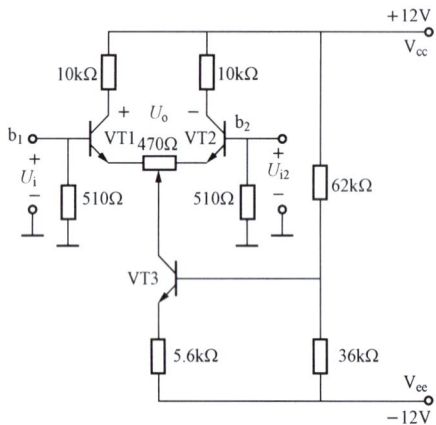

图 4-6　实验电路

（2）实验内容及步骤与 TPE-A3 实验箱的实验内容及步骤相同。

（3）将实验数据填入对应的表中。

**实验报告要求**

（1）根据实测数据计算实验电路的静态工作点，与预习计算结果相比较。

（2）整理实验数据，计算各种接法的 $A_d$，并与理论计算值相比较。

（3）计算 TPE-A3 实验箱实验内容 3 中 $A_c$ 和 KCMR 值。

（4）总结差放电路的性能和特点。

## 实验 6　集成运放的线性应用

**实验基础及实验准备**

1. 实验目的

（1）掌握集成运算放大器组成比例、求和电路的特点及功能。

（2）学会上述电路的测试和分析方法。

2．实验仪器

（1）数字万用表。

（2）TPE-A3 实验箱/Dais 系列实验箱（二选一）。

3．实验原理

集成运放电路是一种高放大倍数，高输入阻抗、低输出阻抗的直接耦合多级放大电路。外接深度电压负反馈后，集成运算放大器都工作在线性范围，其输出电压 $U_o$ 与输入电压 $U_i$ 的运算关系仅决定于外接反馈网络与输入端阻抗的连接方式，而与运算放大器本身无关。改变反馈网络与输入端外接阻抗的形式和参数，即能对 $U_i$ 进行各种数字运算。本实验只讨论比例、加法、减法这几种基本运算。

由于实际运算放大器的性能比较接近理想运算放大器的性能，故在一般分析讨论中，理想运算放大器工作在线性区的两条基本结论也是普遍适用的，即：

（1）运算放大器两个输入端的输入电压相等

$$U_+ = U_- \quad （虚短）$$

（2）运算放大器两个输入端的输入电流为零

$$I_+ = I_- = 0 \quad （虚断）$$

4．预习内容

估算下列各表的理论值。

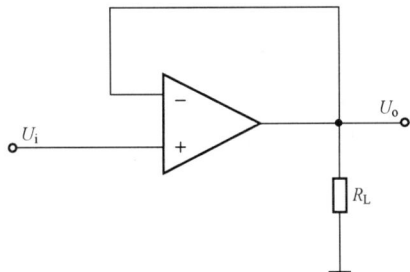

图 4-7　实验电路

### TPE-A3实验箱实验内容

1．电压跟随器

实验电路如图 4-7 所示。

按表 4-12 内容实验并测量记录。

表 4-12　　　　　　　测　量　数　据

| $U_i$（V） | | −2 | −0.5 | 0 | +0.5 | 1 |
|---|---|---|---|---|---|---|
| $U_o$（V） | $R_l = \infty$ | | | | | |
| | $R_l = 5K1$ | | | | | |

2．反相比例放大器

实验电路如图 4-8 所示。

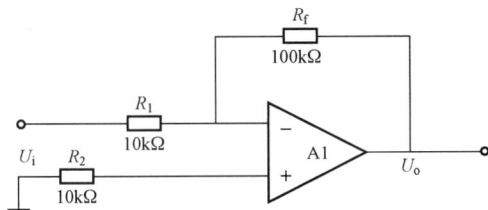

图 4-8　实验电路

按表 4-13 内容实验并测量记录。

**表 4 - 13** 测 量 数 据

| 直流输入电压 $U_i$（mV） | | 30 | 100 | 300 | 1000 | 3000 |
|---|---|---|---|---|---|---|
| 输出电压 $U_o$ | 理论估算（mV） | | | | | |
| | 实测值（mV） | | | | | |

自行设计实验方法和步骤测试图 4 - 8 电路的上限截至频率。

### 3. 同相比例放大器

实验电路如图 4 - 9 所示。

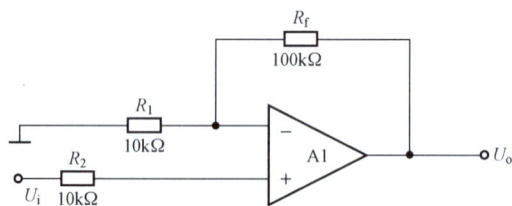

图 4 - 9 实验电路

按表 4 - 14 内容实验并测量记录。

**表 4 - 14** 测 量 数 据

| 直流输入电压 $U_i$（mV） | | 30 | 100 | 300 | 1000 |
|---|---|---|---|---|---|
| 输出电压 $U_o$ | 理论值（mV） | | | | |
| | 实测值（mV） | | | | |

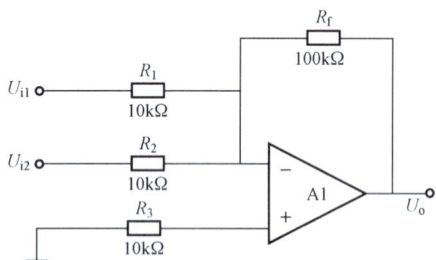

图 4 - 10 实验电路

### 4. 反相求和放大电路

实验电路如图 4 - 10 所示。

按表 4 - 15 内容进行实验测量，并与预习的计算结果比较。

**表 4 - 15** 测 量 数 据

| $U_{i1}$（V） | 0.3 | —0.3 |
|---|---|---|
| $U_{i2}$（V） | 0.2 | 0.2 |
| $U_o$（V） | | |

### 5. 双端输入求和放大电路（减法电路）

实验电路如图 4 - 11 所示。

按表 4 - 16 内容实验测量并记录。

**表 4 - 16** 测 量 数 据

| $U_{i1}$（V） | 1 | 2 | 0.2 |
|---|---|---|---|
| $U_{i2}$（V） | 0.5 | 0.8 | —0.2 |
| $U_o$（V） | | | |

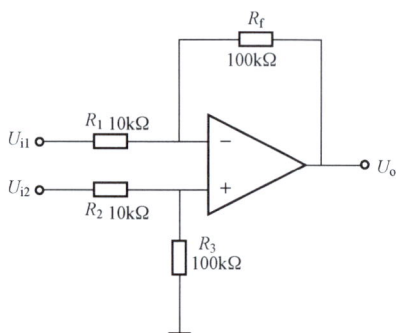

图 4 - 11 实验电路

Dais系列实验箱实验内容

（1）实验内容及步骤与 TPE-A3 实验箱的实验内容及步骤相同。

（2）实验接线时，注意接入±12V 电源。

实验报告要求

（1）总结本实验中 5 种运算电路的特点及功能。

（2）分析理论计算与实验结果误差的原因。

扩展阅读 ------------------------------

# 集成电路的发明

　　1947 年 12 月第一块晶体管在贝尔实验室诞生，从此人类步入了飞速发展的电子时代。但是对于从小就对电子技术感兴趣的基尔比来说可不见得是件好的事情：晶体管的发明宣布了基尔比在大学里选修的电子管技术课程全部作废。但是这并没有消减这个年轻人对电子技术的热情，反而更加坚定了他的道路。

　　也许这就是天意，在晶体管发明 10 年后的 1958 年，34 岁的基尔比加入德州仪器公司。说起当初为何选择德州仪器，基尔比轻描淡写道："因为它是唯一允许我差不多把全部时间用于研究电子器件微型化的公司，给我提供了大量的时间和不错的实验条件。"也正是德州仪器这一温室，孕育了基尔比无与伦比的成就。

　　虽然那个时代的工程师们因为晶体管发明而备受鼓舞，开始尝试设计高速计算机，但是问题还没有完全解决：由晶体管组装的电子设备还是太笨重了，工程师们设计的电路需要几英里长的线路，还有上百万个的焊点，建造它的难度可想而知。至于个人拥有计算机，更是一个遥不可及的梦想。针对这一情况，基尔比提出了一个大胆的设想："能不能将电阻、电容、晶体管等电子元器件都安置在一个半导体单片上？"这样整个电路的体积将会大大缩小，于是这个新来的工程师开始尝试一个叫做相位转换振荡器的简易集成电路。

　　1958 年 9 月 12 日，基尔比研制出世界上第一块集成电路，成功地实现了把电子器件集成在一块半导体材料上的构想，并通过了德州仪器公司高层管理人员的检查。从这一天开始，集成电路逐步取代了晶体管，为开发电子产品的各种功能铺平了道路，并且大幅度降低了成本，使微处理器的出现成为可能，开创了电子技术历史的新纪元。

　　伟大的发明与人物总会被历史验证与牢记，2000 年基尔比因为发明集成电路而获得当年的诺贝尔物理学奖。这份殊荣，经过 42 年的检验显得愈发珍贵，更是整个人类对基尔比伟大发明的充分认可。诺贝尔奖评审委员会的评价很简单："为现代信息技术奠定了基础"。

## 实验 7  电压比较器

### 实验基础及实验准备

**1．实验目的**

（1）掌握比较器的电路构成及特点。

（2）学会测试比较器的方法。

**2．仪器设备**

（1）双踪示波器。

（2）函数信号发生器。

（3）数字万用表。

（4）TPE-A3 实验箱/Dais 系列实验箱（二选一）。

**3．实验原理**

（1）单限比较器。图 4-12 所示为一过零器电路原理图，当输入电压 $U_i$ 变化经过零点时，输出电压从一个电平跳到了另一个电平。

（2）滞回比较器。图 4-13 为运放组成的反相滞回比较器，图中输出端两稳压管为双向限幅器。决定输出幅度，$R_3$ 起限流作用，$R_1$ 为均衡输入电阻，$R_2$、$R_F$ 决定电路的滞回特性，滞回比较器具有良好的抗干扰作用。

滞回比较器的下门限 $\qquad U_{T-} = -\dfrac{R_Z}{R_2 + R_F} U_Z$

滞回比较器的上门限 $\qquad U_{T+} = +\dfrac{R_2}{R_2 + R_F} U_Z$

**4．预习内容**

（1）分析图 4-12 电路，弄清以下问题：

1）比较器是否要调零？原因何在？

2）比较器两个输入端电阻是否要求对称？为什么？

3）运放两个输入端电位差如何估计？

（2）分析图 4-13 电路，进行以下计算：

1）使 $U_o$ 由 $+U_{om}$ 变为 $-U_{om}$ 的 $U_i$ 临界值。

2）使 $U_o$ 由 $-U_{om}$ 变为 $+U_{om}$ 的 $U_i$ 临界值。

3）若由 $U_i$ 输入有效值为 1V 正弦波，试画出 $U_i$-$U_o$ 波形图。

（3）分析图 4-14 电路，重复（2）的各步。

（4）按实习内容准备记录表格及记录波形的坐标纸。

### TPE-A3实验箱实验内容

**1．过零比较器**

实验电路如图 4-12 所示。

（1）按图 4-12 接线，$U_i$ 悬空时测 $U_o$ 电压。

（2）$U_i$ 输入 500Hz 峰—峰值 $V_{pp}$ 为 3V 的正弦波，观察 $U_i$-$U_o$ 波形并记录。

（3）改变 $U_i$ 幅值，观察 $U_o$。

2. 反相滞回比较器

图 4-13 为运放组成的反相滞回比较器，图中输出端两稳压管为双向限幅器。决定输出幅度，$R_3$ 起限流作用，$R_1$ 为均衡输入电阻，$R_2$、$R_p$ 决定电路的滞回特性，滞回比较器具有良好的抗干扰作用。

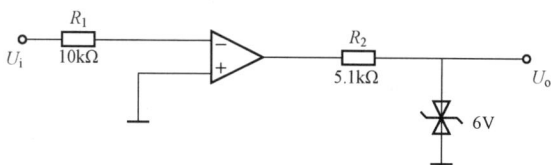

图 4-12　过零器电路

实验电路如图 4-13 所示。

（1）按图接线，$R_f$ 为 100kΩ，可用电位器来实现；$U_i$ 接 DC 电压源，测出 $U_o$ 由 $+U_{om}$ → $-U_{om}$ 时 $U_i$ 的临界值。

（2）同上步，测出 $U_o$ 由 $-U_{om}$ → $+U_{om}$ 时 $U_i$ 的临界值。

（3）$U_i$ 接 500Hz 峰—峰值 $V_{p-p}$ 为 3V 的正弦信号，观察并记录 $U_i$-$U_o$ 波形。

3. 同相滞回比较器

实验电路如图 4-14 所示。

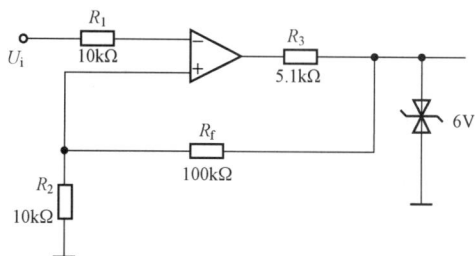

图 4-13　反相滞回比较器

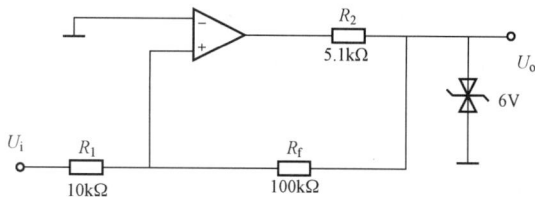

图 4-14　同相滞回比较器

（1）参照步骤 2 自拟实验步骤及方法。

（2）将结果与步骤 2 相比较。

**Dais系列实验箱实验内容**

（1）实验内容及步骤与 TPE-A3 实验箱的实验内容及步骤相同。

（2）实验接线时，注意接入 ±12V 电源。

**实验报告要求**

（1）整理实验数据及波形图，画出步骤 2、3 的滞回曲线，并与预习计算值相比较。

（2）总结几种比较器的特点。

## 实验 8　集成 RC 正弦波振荡器

**实验基础及实验准备**

1. 实验目的

（1）掌握桥式 RC 正弦波振荡器的电路构成及工作原理。

（2）熟悉正弦波振荡器的调整、测试方法。

（3）观察 RC 参数对振荡频率的影响，学习振荡频率的测定方法。

2．实验仪器

（1）双踪示波器。

（2）函数信号发生器。

（3）TPE-A3 实验箱/Dais 系列实验箱（二选一）。

3．实验原理

RC 正弦波振荡电路是 RC 串并联式正弦波振荡电路，又称为文氏正弦波振荡器。此电路由放大电路和反馈电路（包括选频网络）两部分组成，它的主要特点是采用 RC 串并联网络作为选频和反馈，放大电路采用集成运放。根据振荡条件即可写出对放大电路的要求。由于在 $f=f_0$ 时，RC 反馈网络的 $\varphi=0°$，$|F|=1/3$，所以放大电路的输出与输入之间的相位关系应是同相，放大倍数不能小于 3，即用放大倍数为 3（起振时应大于 3）的同相比例器作为放大电路。

4．预习内容

（1）复习 RC 桥式振荡器的工作原理。

（2）完成下列填空题：

［注：选用 TPE-A3 实验箱的完成 1）和 2），选用 Dais 系列实验箱的完成 3）和 4）］

1）图 4-15 中，正反馈支路是由_____组成，这个网络具有_____特性，要改变振荡频率，只要改变_____或_____的数值即可。

2）图 4-15 中，$R_{p1}$ 和 $R_1$ 组成_____反馈，其中_____是用来调节放大器的放大倍数，使 $A_u \geqslant 3$ 的。

3）图 4-17 中，正反馈支路是由_____组成，这个网络具有_____特性，要改变振荡频率，只要改变_____或_____的数值即可。

4）图 4-17 中，$R_p$ 和 $R_3$、$R_4$ 组成_____反馈，其中_____是用来调节放大器的放大倍数，使 $A_u \geqslant 3$ 的。

**TPE-A3实验箱实验内容**

（1）按图 4-15 接线，注意电阻 $R_{p1}=R_1$，需预先调好再接入。

（2）用示波器观察输出波形。

**思考**

1）若元件完好，接线正确，电源电压正常，而 $U_o=0$，原因何在？应怎么办？

2）有输出但出现明显失真，应如何解决？

（3）用示波器测出 $U_o$ 的频率 $f_{01}$ 并与计算值相比较（$f_0=1/2\pi RC$）。

（4）改变振荡频率。在实验箱上设法使文氏桥电阻 $R=10k\Omega+20k\Omega$，先将 $R_{p1}$ 调到 $30k\Omega$，然后在 $R_1$ 与地端串入 1 个 $20k\Omega$ 电阻即可。

实验 8

改变参数前，必须先断开实验箱电源开关，检查无误后再接通电源。测 $f_{02}$ 之前，应适当调节 $R_{p2}$ 使 $U_o$ 无明显失真后，再测频率。

（5）测定运算放大器的放大电路的闭环电压放大倍数 $A_{uf}$。先测出图 4 - 15 电路的输出电压 $U_o$ 值后，关断实验箱电源，保持 $R_{p2}$ 的位置不变，调信号发生器频率与原频率相同，把低频信号发生器的输出电压接至运放同相输入端。如图 4 - 16 所示调节 $U_i$，使 $U_o$ 等于原值，测出此时的 $U_i$ 值，则

$$A_{uf} = U_o / U_i = \underline{\qquad} 倍$$

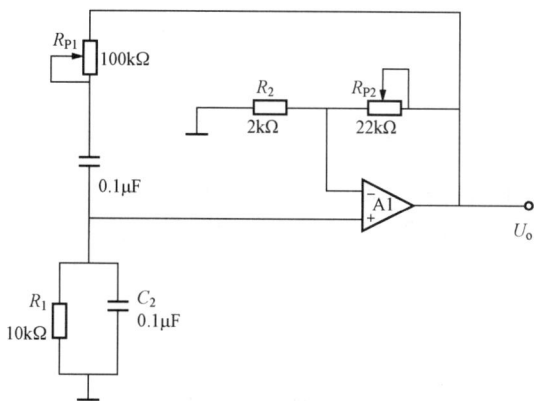

图 4 - 15　RC 正弦波振荡电路

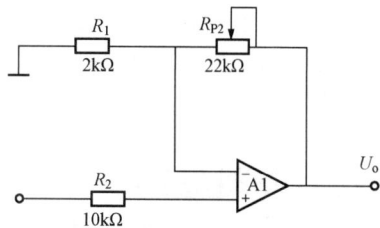

图 4 - 16　闭环电压放大倍数测定电路

 **Dais系列实验箱实验内容**

（1）按图 4 - 17 接线，注意接入 ±12V 电源。

（2）用示波器观察输出波形。

**思考**

1）若元件完好，接线正确，电源电压正常，而 $U_o = 0$，原因何在？应怎么办？

2）有输出但出现明显失真，应如何解决？

3）要实现自动起振、稳幅应怎样接线（可利用 VD1、VD2 支路实现)？

（3）用示波器测出 $U_o$ 的频率 $f_{01}$ 并与计算值相比较（$f_0 = 1/2\pi RC$）。

（4）测定运算放大器的放大电路的闭环电压放大倍数 $A_{uf}$。先测出图 4 - 17 电路的输出电压 $U_o$ 值后，关断实验箱电源，保持 $R_P$ 的位置不变，调信号发生器频率与原频率相同，把低频信

号发生器的输出电压接至运放同相输入端。如图 4-18 所示调节 $U_i$，使 $U_o$ 等于原值，测出此时的 $U_i$ 值，则

$$A_{uf} = U_o/U_i = \underline{\qquad} 倍$$

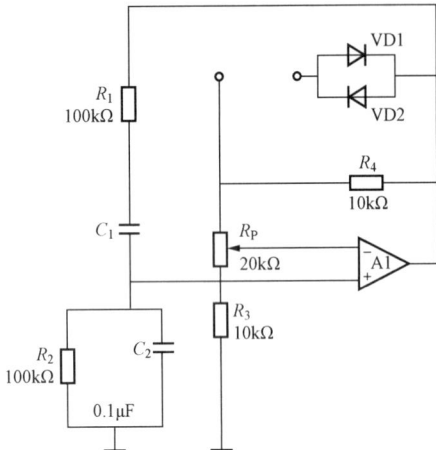

图 4-17　Dais 实验箱 RC 正弦波振荡电路　　图 4-18　Dais 实验箱闭环电压放大倍数测定电路

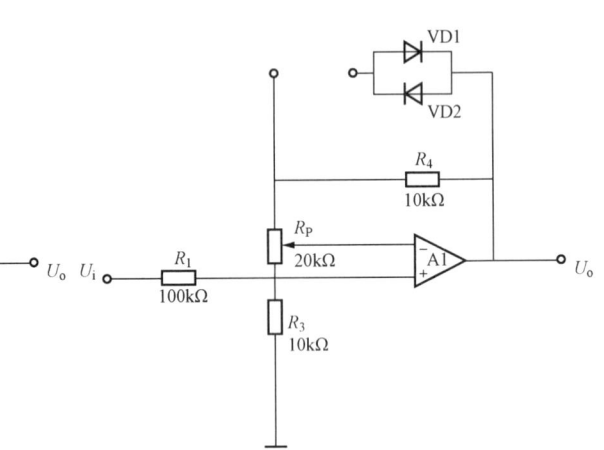

（5）改变振荡频率。在实验箱上使文氏桥电阻 $R=33\text{k}\Omega$，$C=0.01\mu\text{F}$（注意：改变参数前，必须先断开实验箱电源开关，检查无误后再接通电源。测 $f_{02}$ 之前，应适当调节 $R_p$ 使 $U_o$ 无明显失真后，再测频率）。

**实验报告要求**

（1）电路中哪些参数与振荡频率有关？将振荡频率的实测值与理论估算值比较，分析产生误差的原因。

（2）总结改变负反馈深度对振荡器起振的幅值条件及输出波形的影响。

（3）完成预习要求中的内容。

（4）作出 RC 串并联网络的幅频特性曲线。

## 实验 9　整 流 滤 波 电 路

**实验基础及实验准备**

1. 实验目的

（1）熟悉单相半波、全波、桥式整流电路。

（2）观察了解电容滤波作用。

2. 实验仪器

（1）双踪示波器。

（2）数字万用表。

（3）TPE-A3 实验箱/Dais 系列实验箱及 $10\mu\text{F}$ 电容（二选一）。

3. 实验原理

直流稳压电源的形成如下所示。

电网 → 变压 → 整流 → 滤波 → 稳压 → 负载

许多直流电源是由整流加滤波电路组成的，其优点是线路简单、经济，缺点是带载能力较差，输出电压不够稳定，纹波也比较大。主要原因是电压调整率大，内阻也偏大，只能适用于要求不高的电路中。整流电路是将工频交流电路转换为脉动直流电；滤波电路将脉动直流中的交流成分滤除，减少交流成分，增加直流成分。

若在整流、滤波之后接入稳压器，则可提高直流电源输出的稳定性。常用于电源要求较高的稳压电路中。有些稳压电路的输出功率较小，输出的电流在几百毫安以下，而一些大功率的稳压电路输出电流达1A以上。从稳压电路的组成来说，可以由分立元件组成，也可以采用集成的稳压器，就目前电源电路来言，大多使用集成稳压电路组成，其优点是使用简单、方便和可靠，而且很经济，线路不复杂，体积小。

### TPE-A3实验箱实验内容

（1）半波整流、桥式整流电路实验电路分别如图4-19、图4-20所示。分别接两种电路，调 $R_P$ 使负载总电阻 $R_L = 100\Omega$，用示波器观察 $U_2$ 及 $U_L$ 的波形，并测量 $U_2$、$U_L$。

（2）滤波电路。实验电路如图4-21所示。

1）分别用不同电容接入电路，$R_L$ 先不接，用示波器观察波形，用万用表测 $U_L$ 并记录。

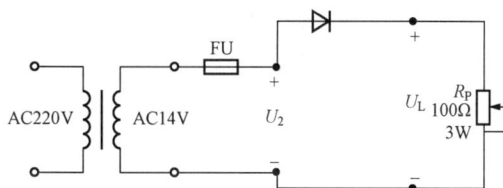

图4-19 半波整流电路

2）接上 $R_L$，先用 $R_L = 1k\Omega$，重复上述实验并记录。

3）将 $R_L$ 改为 $100\Omega$，重复上述实验。

（3）自行设计实验方法和步骤测试并联稳压电路的稳压性能（当输入电压和输出负载变化时）。

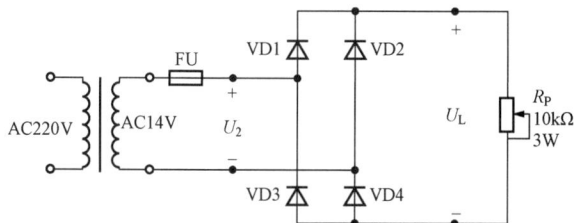

图4-20 桥式整流电路

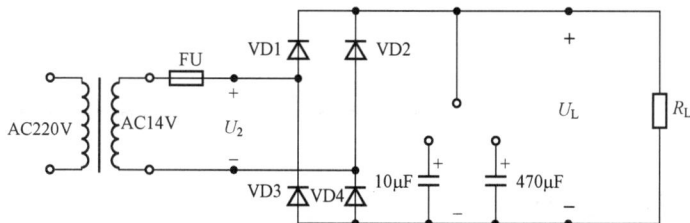

图4-21 滤波电路

**Dais系列实验箱实验内容**

**1. 半波整流、桥式整流电路**

实验电路分别如图 4 - 22、图 4 - 23 所示。先调节 $R_p$ 使负载电阻为 1kΩ，然后分别接两种电路，用示波器观察 $U_2$ 及 $U_L$ 的波形，并测量 $U_2$、$U_L$。

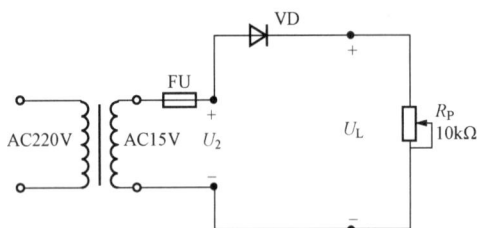

图 4 - 22　半波整流电路　　　　　　　　　　图 4 - 23　桥式整流电路

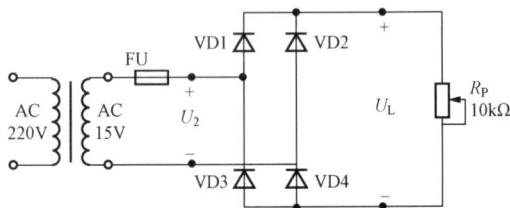

**2. 滤波电路**

实验电路如图 4 - 24 所示。

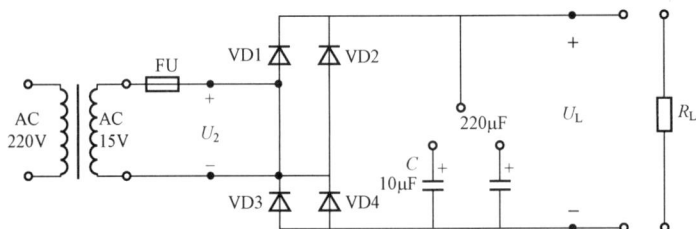

图 4 - 24　滤波电路

（1）分别用不同电容接入电路，$R_L$ 先不接，用示波器观察波形，用万用表测 $U_L$ 并记录。

（2）接上 $R_L$，先用 $R_L=1kΩ$，重复上述实验并记录。

（3）将 $R_L$ 改为 10kΩ，重复上述实验。

**3. 设计实验**

自行设计实验方法和步骤测试并联稳压电路的稳压性能（当输入电压和输出负载变化时）。

**实验报告要求**

（1）整理实验数据并按实验内容计算。

（2）滤波电路的输出电流与哪些元器件的参数有关？为获得更大电流应如何选用电路元器件及参数？

## 实验 10　串 联 稳 压 电 路

**实验基础及实验准备**

**1. 实验目的**

（1）研究稳压电源的主要特性，掌握串联稳压电路的工作原理。

（2）学会稳压电源的调试及测量方法。

2. 实验仪器

（1）示波器。

（2）数字万用表。

（3）TPE-A3 实验箱/Dais 系列实验箱（二选一）。

3. 实验原理

在整流、滤波之后接入稳压电路，可提高直流电源输出电压的稳定性。常用于对电源要求比较高的稳压电路中。有些稳压电源的输出功率较小，输出电流在几百毫安以下，而在一些大功率的稳压电路输出电流达 1A 以上。从稳压电路组成来说，可以由分立元件组成，也可以采用集成的稳压器，就目前电源电路而言，大多使用集成稳压电路组成，其优点是使用简单、方便和可靠，而且很经济，线路不复杂，体积小。

4. 预习内容

（1）计算图 4-25 或图 4-27 电路中各三极管的 Q 点（设：各管的 $\beta=100$，电位器 $R_P$ 滑动端处于中间位置）。

（2）分析图 4-25 或图 4-27 电路中电阻 $R_2$ 和发光二极管 LED 的作用。

（3）画好数据表格。

**TPE-A3实验箱实验内容**

串联稳压实验电路如图 4-25 所示。

1. 静态调试

（1）看清楚实验电路板的接线，查清引线端子。

（2）按图 4-25 接线，负载 $R_L$ 开路，即稳压电源空载。

（3）将 $+5\sim+27V$ 电源调到 9V，接到 $U_i$ 端。再调电位器 $R_P$，使 $U_o=6V$。测量各三极管的 Q 点（各脚的静态电压值）。

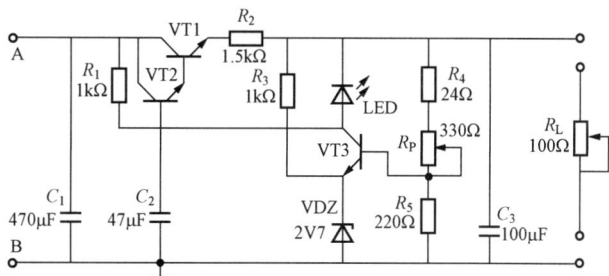

图 4-25 串联稳压电路

（4）调试输出电压的调节范围。调节 $R_P$，观察输出电压 $U_o$ 的变化情况。记录 $U_o$ 的最大和最小值。

2. 动态测量

（1）测量电源稳压特性。使稳压电源处于空载状态，调可调电源电位器，模拟电网电压波动 $\pm10\%$。即 $U_i$ 由 8V 变到 10V。测量相应的 $\Delta U$。根据 $S=[(\Delta U_o/U_o)/(\Delta U_I/U_I)]\times100\%$，计算稳压系数。

（2）测量稳压电源内阻。稳压电源的负载电流 $I_L$ 由空载变化到额定值 $I_L=100mA$ 时，测量输出电压 $U_o$ 的变化量即可求出电源内阻 $r_o=\Delta U_o/\Delta I_L$。测量过程中，使 $U_i=9V$ 保持不变。

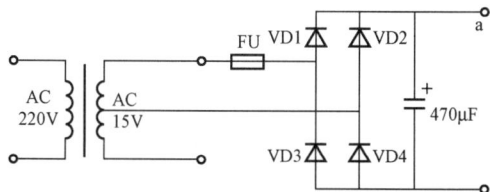

图 4-26 整流滤波电路

（3）测试输出的纹波电压。将图 4-25 的电压输入端 $U_i$ 接到图 4-26 整流滤波电路输出端（即接通 A—a，B—b），在负载电流 $I_L=$

100mA 条件下，用示波器观察稳压电源输入输出中的交流分量 $u_o$，描绘其波形。用示波器测量交流分量的大小。

**思考**

(1) 如果把图 4-25 电路中电位器 $R_p$ 的滑动端往上（或往下）调，各三极管的 Q 点将如何变化？可以试一下。

(2) 调节 $R_1$ 时，VT3 的发射极电位如何变化？电阻 $R_1$ 两端电压如何变化？可以试一下。

(3) 如果把 $C_3$ 去掉（开路），输出电压将如何？

(4) 这个稳压电源哪个三极管消耗的功率大？按实验内容 2 中（3）的接线。

3. 输出保护

在电源输出端接上负载 $R_L$，用电压表监视输出电压，逐渐减小 $R_L$ 值，直到短路，注意 LED 发光二极管逐渐变亮，记录负载短路时的电压、电流值。

**注意**

此实验内容短路时间应尽量短（不超过 5s），以防元器件过热。

**思考**

如何改变电源保护值？

4. 选做题目

测试稳压电源的外特性（实验步骤自行设计）。

**Dais系列实验箱实验内容**

串联稳压实验电路按图 4-27 接线，整流滤波电路如图 4-28 所示。

1. 静态调试

(1) 看清楚实验电路板的接线，查清引线端子。

(2) 按图 4-27 接线，负载 $R_L$ 开路，即稳压电源空载。

(3) 将 +5～+27V 电源调到 9V，接到 $U_i$ 端。再调电位器 $R_p$，使 $U_o$=6V。测量各三极管的 Q 点（各脚的静态电压值）。

(4) 调试输出电压的调节范围。调节 $R_p$，观察输出电压 $U_o$ 的变化情况。记录 $U_o$ 的最大和最小值。

### 2. 动态测量

（1）测量电源稳压特性。使稳压电源处于空载状态，调可调电源电位器，模拟电网电压波动 $\pm 10\%$；即 $U_i$ 由 8V 变到 10V。测量相应的 $\Delta U$。根据 $S = [(\Delta U_o / U_o) / (\Delta U_i / U_i)] \times 100\%$，计算稳压系数。

（2）测量稳压电源内阻。稳压电源的负载电流 $I_L$ 由空载变化到额定值 $I_L = 100\text{mA}$（即 $R_L = 56\Omega$）时，测量输出电压 $U_o$ 的变化量即可求出电源内阻 $r_o = \Delta U_o / \Delta I_L$。测量过程中，使 $U_i = 9\text{V}$ 保持不变。

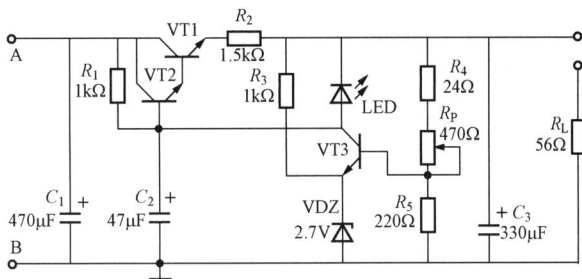

图 4-27  半联稳压电路

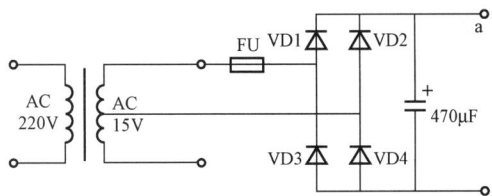

图 4-28  整流滤波电路

（3）测试输出的纹波电压。将图 4-27 的电压输入端 $U_i$ 接到图 4-28 整流滤波电路输出端（即接通 A—a，B—b），在负载电流 $I_L = 100\text{mA}$（即 $R_L = 56\Omega$）条件下，用示波器观察稳压电源输入输出中的交流分量 $u_o$，描绘其波形。用示波器测量交流分量的大小。

思考

（1）如果把图 4-27 电路中电位器 $R_p$ 的滑动端往上（或往下）调，各三极管的 Q 点将如何变化？可以试一下。

（2）调节 $R_1$ 时，VT3 的发射极电位如何变化？电阻 $R_1$ 两端电压如何变化？可以试一下。

（3）如果把 $C_3$ 去掉（开路），输出电压将如何？

（4）这个稳压电源哪个三极管消耗的功率大？按实验内容 2 中（3）的接线。

### 3. 输出保护

在实验箱上用 470Ω 电位器 W1 代替负载 $R_L$ 接到电源输出端上，用电压表监视输出电压，逐渐减小 W1 值，直到短路，注意 LED 发光二极管逐渐变亮，记录负载短路时的电压、电流值。

注意

此实验内容短路时间应尽量短（不超过 5s），以防元器件过热。

思 考

如何改变电源保护值?

4. 选做题目

测试稳压电源的外特性（实验步骤自行设计）。

**实验报告要求**

(1) 对静态调试及动态测试进行总结。

(2) 计算稳压电源内阻 $r_o = \Delta U_o / \Delta I_L$ 及稳压系数 $S_r$。

(3) 对部分思考题进行讨论。

# 第5章

## 数字电子技术实验

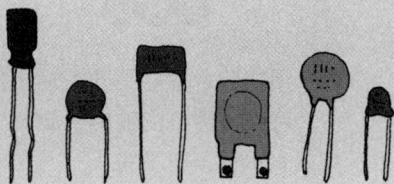

### 实验 11    基本逻辑门逻辑实验

**实验基础及实验准备**

1. 实验目的

（1）掌握 TTL 与非门、或非门和异或门输入与输出之间的逻辑关系。

（2）熟悉 TTL 中、小规模集成电路的外形、管脚和使用方法。

2. 实验器件

（1）二输入四与非门 74LS00                    1 片。

（2）二输入四或非门 74LS28 或 74LS02     1 片。

（3）二输入四异或门 74LS86                 1 片。

3. 实验原理

门电路实际就是一种条件开关，由于门电路的输出与输入之间存在着一定的逻辑关系，所以又称为逻辑门电路。逻辑门电路是最简单、最基本的数字集成元件，任何复杂的组合逻辑电路和时序逻辑电路都可以由门电路通过适当的组合连接而成。

最基本的逻辑门是"与"门、"或"门、和"非"门，也可以将其组合成复合逻辑门电路，如"与非"门、"或非"门、"与或非"门、"异或"门、"同或"门等。

（1）"与非"门。"与非"门的逻辑功能是：当输入端有一个或几个是低电平 $U_{IL}$ 时，输出为高电平 $U_{OH}$；当输入端全为高电平 $U_{IH}$ 时，输入为低电平 $U_{OL}$。其逻辑表达式是 $F = \overline{AB}$。

（2）"或非"门。或非门的逻辑功能是：只有输入端有一个高电平 $U_{IH}$ 时，输出端为低电平。其逻辑表达式是 $F = \overline{A+B}$。

（3）"异或"门。异或门的逻辑功能是：当输入端两个输入电平不同时，输出端为高电平 $U_{OH}$。其逻辑表达式是 $F = \overline{A \oplus B}$。

**实验内容**

1. 实验项目

（1）测试二输入四与非门 74LS00 一个与非门的输入和输出之间的逻辑关系。

（2）测试二输入四或非门 74LS28 或 74LS02 一个或非门的输入和输出之间的逻辑关系。

（3）测试二输入四异或门 74LS86 一个异或门的输入和输出之间的逻辑关系。

2. 实验提示

（1）将被测器件插入实验台上的 14 芯插座中。

（2）将器件引脚 7 与实验台的"地（GND）"连接，将器件的引脚 14 与实验台的 +5V 连接。

（3）用实验台的电平开关输出作为被测器件的输入。拨动开关，则改变器件的输入电平。

（4）将被测器件的输出引脚与实验台上的电平指示灯连接。指示灯亮表示输出电平为 1，指示灯灭表示输出电平为 0。

3. 实验接线图及实验结果

74LS00 中包含 4 个二与非门，74LS02 包含 4 个二输入或非门，74LS86 中包含 4 个异或门。下面画出测试第一个逻辑门逻辑关系的接线图（见图 5 - 1），按图接线，并将测试结果填入相应表中。测试其他逻辑门时的接线图与之类似。测试时各器件的引脚 7 接地，引脚 14 接＋5V。图 5 - 1 中的 K1、K2 是电平开关输出，LED0 是电平指示灯。

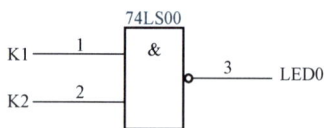

图 5 - 1　测试 74LS00 逻辑关系

（1）测试 74LS00 逻辑关系接线图如图 5 - 1 所示，真值表如表 5 - 1 所示。

（2）测试 74LS02 逻辑关系接线图如图 5 - 2 所示，真值表如表 5 - 2 所示。

表 5 - 1　　　　74LS00 真值表

| 输　　入 | | 输出 |
| --- | --- | --- |
| 引脚 1 | 引脚 2 | 引脚 3 |
| L | L | |
| L | H | |
| H | L | |
| H | H | |

表 5 - 2　　　　74LS02 真值表

| 输　　入 | | 输出 |
| --- | --- | --- |
| 引脚 2 | 引脚 3 | 引脚 1 |
| L | L | |
| L | H | |
| H | L | |
| H | H | |

（3）测试 74LS86 逻辑关系接线图如图 5 - 3 所示，真值表如表 5 - 3 所示。

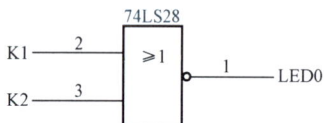

图 5 - 2　测试 74LS02 逻辑关系

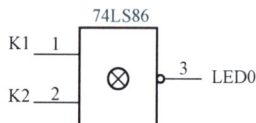

图 5 - 3　测试 74LS86 逻辑关系

表 5 - 3　　　　　　　　　　74LS86 真值表

| 输　　入 | | 输　　出 |
| --- | --- | --- |
| 引脚 1 | 引脚 2 | 引脚 3 |
| L | L | |
| L | H | |
| H | L | |
| H | H | |

**实验报告要求**

（1）画出三个实验的接线图。

（2）用真值表表示出实验结果。

## 实验 12　TTL、HC 和 HCT 器件的电压传输特性

**实验基础及实验准备**

1. 实验目的

掌握 TTL、HC 和 HCT 器件的传输特性。

2. 实验所用器件和仪表

(1) 六反相器 74LS04　　　1 片。

(2) 六反相器 74HC04　　　1 片。

(3) 六反相器 74HCT04　　　1 片。

(4) 数字万用表。

3. 实验原理

(1) TTL 系列器件的特点。图 5-4 为用折线近似的 TTL 反相器的传输特性曲线。由图可见，传输特性由 4 条线段 AB、BC、CD 和 DE 所组成。

1) AB 段：此时输入电压 $U_i$ 很低，VT1 的发射结为正向偏置。在稳态情况下，VT1 饱和致使 VT2 和 VT3 截止，同时 VT4 导通。输出 $U_o = 3.6$V 为高电平。

当 $U_i$ 增加直至 B 点，VT1 的发射结仍维持正向偏置并处于饱和状态。但 $U_{B2} = U_{c1}$ 增大导致 VT2 的发射结正向偏置。当 VT1 仍维持在饱和状态时，$U_{B2}$ 的值可表示为 $U_{B2} = U_1 + U_{CES}$。为求得 B 点所对应的 $U_i$，可以考虑 $U_{B2}$ 刚好使 VT2 的发射结正向偏置并开始导电。此时 $U_{B2}$ 应等于 VT2，发射结的正向电压 $U_F \approx 0.6$V。但 $I_{E2} \approx 0$，在忽略 $U_{Re2}$ 的情况下，由上式得

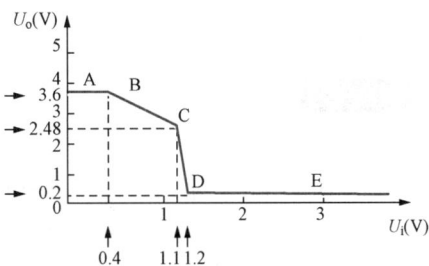

图 5-4　TTL 反相器传输特性曲线

$$U_{i(B)} = U_F - U_{CES} = 0.6V - 0.2V \approx 0.4V$$

2) BC 段：当 $U_i$ 的值大于 B 点的值时，由 VT1 的集电极供给 VT2 的基极电流，但 VT1 仍保持为饱和状态，这就需要使 VT1 的发射结和集电结均为正向偏置。在 BC 段内，VT2 对 $U_i$ 增量作线性放大，其电压增益可表示为

$$\frac{\Delta U_{C2}}{\Delta U_{E2}} \approx \frac{R_{C2}}{R_{E2}}$$

电压增量上通过 VT4 的电压跟随作用而引至输出端形成输出电压的增量为

$$-(R_{C2}/R_{E2})\Delta U_{B2}$$

且在一定范围内，有

$$\Delta U_{B2} = \Delta U_1$$

所以传输特性 BC 段的斜率为

$$dU_o/dU_i = -R_{C2}/R_{C2} = -1.6$$

必须注意到在 BC 段内，$R_{e2}$ 上所产生的电压降还不足以使 VT3 的发射结正向偏置，VT3 仍维持截止状态。

3) CD 段：当电压上升到 1.4V 左右时，$U_{B1}$ 约为 2.1V，这时 VT2 和 VT5 将同时导通，

VT4 截止，输出电位急剧地下降为低电平，这就是称为转折区的 CD 段工作情况。转折区中点对应的输入电压称为阈值电压或门槛电压，用 VTH 表示。

4）DE 段：此后 $U_1$ 继续升高时，$U_0$ 不再变化，进入特性曲线的 DE 段，DE 段称为特性曲线的饱和区。

（2）HC 和 HCT 系列器件的特点。为了能方便地实现直接驱动，又产生了 74HCT 系列高速 CMOS 电路。通过改进工艺和设计，使 74HCT 系列的 $U_{IH(min)}$ 值降至 2V。详细地说，74HCT 系列 $U_{IL(max)}$ 为 0.8V，74HC 系列 $U_{IH(min)}$ 为 3.5V，$U_{IL(max)}$ 为 1V。

**4. 实验说明**

与非门的输出电压 $U_0$ 与输入电压 $U_i$ 的关系 $U_0 = F(U_i)$ 叫作电压传输特性，也称电压转移特性。它可以用一条曲线表示，叫作电压传输特性曲线。从传输特性曲线可以求出非门的下列有用参数：

- 输出高电平（$U_{OH}$）。
- 输出低电平（$U_{OL}$）。
- 输入高电平（$U_{IH}$）。
- 输入低电平（$U_{IL}$）。
- 门槛电压（$U_T$）。

### 实验内容

**1. 实验项目**

（1）测试 TTL 器件 74LS04 一个非门的传输特性。

（2）测试 HC 器件 74HC04 一个非门的传输特性。

（3）测试 HCT 器件 74HCT04 一个非门的传输特性。

**2. 实验提示**

（1）注意被测器件的引脚 7 和引脚 14 分别接地和 +5V。

（2）将实验台上 4.7kΩ 电位器的一端接地，另一端接 +5V。电位器的中端作为被测非门的输入电压。旋转电位器改变非门的输入电压值。

（3）按步长 0.2V 调整非门输入电压。首先用万用表监视非门输入电压，调好输入电压后，用万用表测量非门的输出电压，并记录下来。

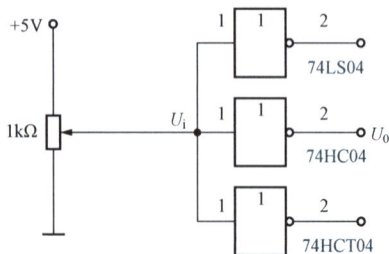

图 5-5 接线图

**3. 实验接线图及实验结果**

（1）由于 74LS04、74HC04 和 74HC04 的逻辑功能相同，因此三个实验的接线图是一样的，如图 5-5 所示。三种器件的输入端连在一起，调好一次输入可测三个输出，可减少实验时间。

（2）将输出无负载时 74LS04、74HC04、74HCT04 电压传输特性测试数据填入表 5-4 中。

表 5-4　　　　74LS04、74HC04、74HCT04 电压传输特性测试数据

| 输入 $U_i$(V) | 输出 $U_0$(V) | | |
|---|---|---|---|
| | 74LS04 | 74HC04 | 74HCT04 |
| 0.0 | | | |

续表

| 输入 $U_i$(V) | 输出 $U_o$(V) | | |
|---|---|---|---|
| | 74LS04 | 74HC04 | 74HCT04 |
| 0.2 | | | |
| 0.4 | | | |
| 0.6 | | | |
| 0.8 | | | |
| 1.0 | | | |
| 1.2 | | | |
| 1.4 | | | |
| 1.6 | | | |
| 1.8 | | | |
| 2.0 | | | |
| 2.2 | | | |
| 2.4 | | | |
| 2.6 | | | |
| 2.8 | | | |
| 3.0 | | | |
| 3.2 | | | |
| 3.4 | | | |
| 3.6 | | | |
| 3.8 | | | |
| 4.0 | | | |
| 4.2 | | | |
| 4.4 | | | |
| 4.6 | | | |
| 4.8 | | | |
| 5.0(V) | | | |

（3）在图 5-6 中用三种不同颜色的笔画出输出无负载时，74LS04、74HC04 和 74HCT04 的负载曲线。

**实验报告要求**

（1）用表格的形式记录 74LS04、74HC04、74HCT04 电压传输特性。

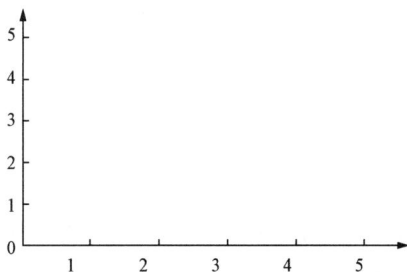

（2）画出 74LS04、74HC04 和 74HCT04

图 5-6　74LS04/74HC04/74HCT04 电压传输曲线

的电压传输特性曲线。

（3）特性曲线，说明各自的特点。

## 实验 13  三态门实验

### 实验基础及实验准备

1. 实验目的

（1）掌握三态门逻辑功能和使用方法。

（2）掌握用三态门构成总线的特点和方法。

（3）初步学会用示波器测量简单的数字波形。

2. 实验器件和仪表

（1）四 2 输入正与非门 74LS00                1 片。

（2）三态门输出的四总线缓冲门 74LS125        1 片。

（3）万用表。

（4）示波器。

3. 实验原理

TTL 三态输出门是一种特殊的门电路，它与普通的 TTL 门电路结构不同，它的输出端除了通常的高电平、低电平两种状态外（这两种状态均为低电阻），还有第三种输出状态——高阻态。处于高阻态时，电路与负载之间相当于开路。三态输出门按逻辑功能及控制方式来分有各种不同类型，本实验所用三态门的型号是三态输出四总线缓冲器 74LS125。图 5-7 是三态输出四总线缓冲器的逻辑符号，它有一个控制端（又称禁止端或使能端）$\overline{E}$，$\overline{E}=0$ 为正常工作状态，实现 Y＝A 的逻辑功能；$\overline{E}=1$ 为禁止状态，输出 Y 呈现高阻态。这种在控制端加低电平时，电路才能正常工作的工作方式称为低电平使能。功能表见表 5-5。

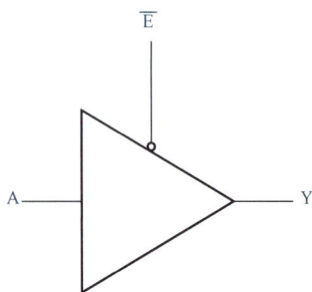

图 5-7  三态输出四总线缓冲器逻辑符号

表 5-5          TTL 三态输出门功能表

| 输 入 | | 输 出 |
|---|---|---|
| $\overline{E}$ | A | Y |
| 0 | 0<br>1 | 0<br>1 |
| 1 | 0<br>1 | 高阻态 |

三态电路主要用途之一就是实现总线传输，即用一个传输通道（称总线），以选通方式传送多路信息。电路中把若干个三态 TTL 电路输出端直接连接在一起构成三态门总线。使用时，要求只有需要传输信息的三态控制端处于使能态（$\overline{E}=0$），其余各门皆处于禁止状态（$\overline{E}=1$）。由于三态门输出电路结构与普通 TTL 电路相同，显然，若同时有两个或两个以上三态门的控制端处于使能态，将出现与普通 TTL 门"线与"运用时同样的问题，因而是绝对不允许的。

## 实验内容

**1. 实验项目**

(1) 74LS125 三态门的输出负载为 74LS00 的一个与非门输入端。74LS00 的同一个与非门的另一个输入端接低电平，测试 74LS125 三态门输出、高电平输出、低电平输出的电压值。同时，测试 74LS125 三态输出时 74LS00 输出值。

(2) 74LS125 三态门的输出负载为 74LS00 的一个与非门输入端。74LS00 的同一个与非门的另一个输入端接高电平，测试 74LS125 三态门输出、高电平输出、低电平输出的电压值。同时测试 74LS125 三态输出时 74LS00 输出值。

(3) 用 74LS125 两个三态门输出构成一条总线。使两个控制端一个为低电平，另一个为高电平。一个三态门的输入端接 100kHz 信号，另一个三态门的输入端接 500kHz 信号。用示波器观察三态门的输出。

**2. 实验提示**

(1) 三态门 74LS125 的控制端 C 为低电平有效。

(2) 用实验台的电平开关输出作为被测器件的输入。拨动开关，改变器件输入电平。

**3. 实验接线图及实验结果**

(1) 实验项目 (1) 和 (2)。图 5-8 是实验项目 (1) 和 (2) 的接线图，图中 K1、K2 和 K3 是电平开关输出，电压表指示电压测量点。拨动电平开关 K3、K2、K1，则改变 74LS00 一个与非门输入端、74LS125 三态门控制端、三态门输入端的电平。

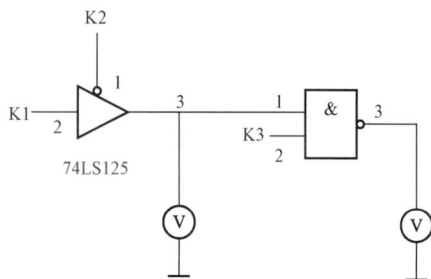

图 5-8　实验接线图

1) 当 74LS00 引脚 2 为低电平时，测试 74LS125 引脚 3 和 74LS00 引脚 3，将测试结果填入下面：

K3＝0，K2＝0，K1＝1 时，三态门输出高电平电压值为：＿＿＿＿＿＿＿；

K3＝0，K2＝0，K1＝0 时，三态门输出低电平电压值为：＿＿＿＿＿＿＿；

K3＝0，K2＝1，K1＝0 或 1 时，三态门三态输出电压值为：＿＿＿＿＿＿＿；

74LS00 引脚 3 输出电压值为：＿＿＿＿＿＿＿。

2) 当 74LS00 引脚 2 为高电平时，测试 74LS125 引脚 3 和 74LS00 引脚 3，将测试结果填入下面：

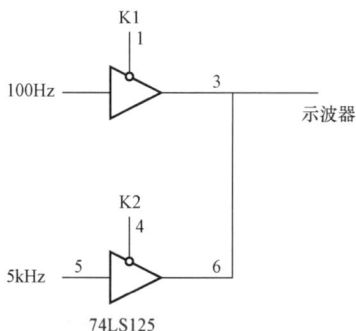

图 5-9　三态门构成总线

K3＝1，K2＝0，K1＝1 时，三态门输出高电平电压值为：＿＿＿＿＿＿；74LS00 引脚 3 输出电压值为：＿＿＿＿＿＿。

K3＝1，K2＝0，K1＝0 时，三态门输出低电平电压值为：＿＿＿＿＿＿；74LS00 引脚 3 输出电压值为：＿＿＿＿＿＿。

K3＝1，K2＝1，K1＝0 或 1 时，三态门三态输出电压值为：＿＿＿＿；74LS00 引脚 3 输出：＿＿＿＿。

(2) 实验项目 (3)。

三态门构成总线接线图，如图 5-9 所示。

![实验报告要求]

**实验报告要求**

(1) 画出实验的逻辑电路图。

(2) 写出每个实验的实验现象。

(3) 分析实验项目（1）中的1）、2）两种情况下，三态门输出电压不同的原因。

## 实验 14　数据选择器和译码器

**实验基础及实验准备**

1. 实验目的

(1) 熟悉数据选择器的逻辑功能。

(2) 熟悉译码器的逻辑功能。

2. 实验所用器件和仪表

(1) 双 4 选 1 数据选择器 74LS153　　　1 片。

(2) 双 2—4 线译码器 74LS139　　　1 片。

(3) 六反相器 74LS04　　　1 片。

3. 实验原理

数据选择器又叫"多路开关"。数据选择器在地址码（或叫选择控制）电位的控制下，从几个数据输出中选择一个并将其送到一个公共的输出端。数据选择器的功能类似于一个多掷开关，如图 5 - 10 所示，图中有四路数据 1C0～1C3，通过选择控制信号 A1、A0（地址码）从四路数据中选出某一路数据送至输出端 Q。数据选择器为目前电路设计中应用十分广泛的逻辑部件，它有 2 选 1、4 选 1、8 选 1、16 选 1 等类别。

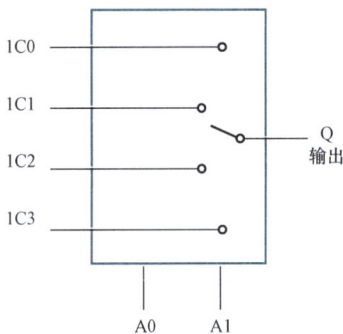

图 5 - 10　4 选 1 数据选择器示意图

译码器是一个多输入、多输出的组合逻辑电路。它的作用是把给定的代码进行"翻译"，变成相应的状态，使输出通道中相应的一路有信号输出。译码器在数字系统中有广泛的用途，不仅用于代码的转换、终端的数字显示，还用于数据分配，储存器寻址和组合控制信号等。不同的功能可选用不同种类的译码器。

**实验内容**

1. 实验项目

(1) 测试 74LS153 中一个 4 选 1 数据选择器的逻辑功能。

4 个数据输入引脚 C0～C3 分别接实验台上的 K4、K5、K6、K7。改变数据选择引脚 A、B 和使能引脚 G 的电平，产生 8 种不同的组合。观测每种组合下数据选择器的输出端输出哪个输入端的信号。

(2) 测试 74LS139 中一个 2—4 译码器的逻辑功能。

4 个译码输出引脚 Y0～Y3 接电平指示灯。改变引脚 G、B、A 的电平，产生 8 种组合。观测并记录指示灯的显示状态。

**2. 实验接线图及实验结果**

（1）74LS153 实验接线图（见图 5 - 11）和 74LS153 真值表（见表 5 - 6）。

**表 5 - 6          74LS153 真值表**

| 选通 | 选择输入 | 输出 |
|:---:|:---:|:---:|
| G | B    A | Y= |
| H | X    X | |
| L | L    L | |
| L | L    H | |
| L | H    L | |
| L | H    H | |

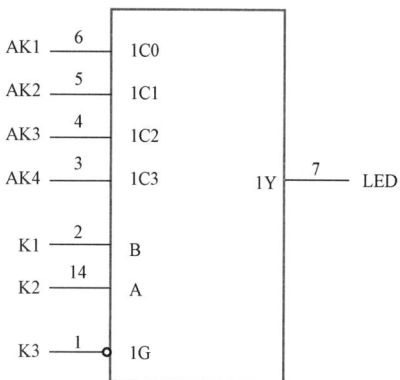

图 5 - 11　实验接线图

（2）74LS139 实验接线图（见图 5 - 12）和 74LS139 真值表（见表 5 - 7）。

图 5 - 12 中，K1、K2、K3 是电平开关输出，LED0～LED3 是电平指示灯。

**表 5 - 7          74LS139**

| 输　入　端 | | | 输出端 | | | |
|:---:|:---:|:---:|:---:|:---:|:---:|:---:|
| 允许 | 选择 | | | | | |
| G | B    A | | Y0 | Y1 | Y2 | Y3 |
| H | X    X | | | | | |
| L | L    L | | | | | |
| L | L    H | | | | | |
| L | H    L | | | | | |
| L | H    H | | | | | |

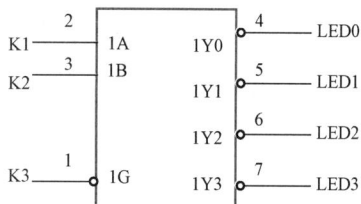

图 5 - 12　74LS139 实验接线图

（3）自行设计实验电路和步骤用一片 74LS04 和一片 74LS139 构成 3—8 线译码器并测试之。

**实验报告要求**

（1）画出实验接线图。

（2）根据实验结果写出 74LS139 的真值表。

（3）根据实验结果写出 74LS153 的真值表。

（4）分析 74LS139 与 74LS153 中引脚 G 的功能。

# 实验 15　全加器构成及测试

**实验基础及实验准备**

**1. 实验目的**

（1）了解全加器的实现方法。

（2）掌握全加器的功能。

**2. 实验所用器件和仪表**

（1）4-2-3-2 与或非门 74S64　　　2 片。

（2）六反相器 74LS04　　　　　1 片。

3. 实验原理

在数字系统中，经常需要进行算术运算操作，实现电路运算功能的电路是加法器。加法器是一般组合逻辑电路，主要功能是实现二进制数的算术加法运算。电子数字计算机中的四则运算都是分解成加法运算进行的，因此加法器变成了计算机中最基本的运算单元。

### 实验内容

1. 实验项目

（1）用 2 片 74LS64 和 1 片 74LS04 组成图 5-13 所示逻辑电路接线图。

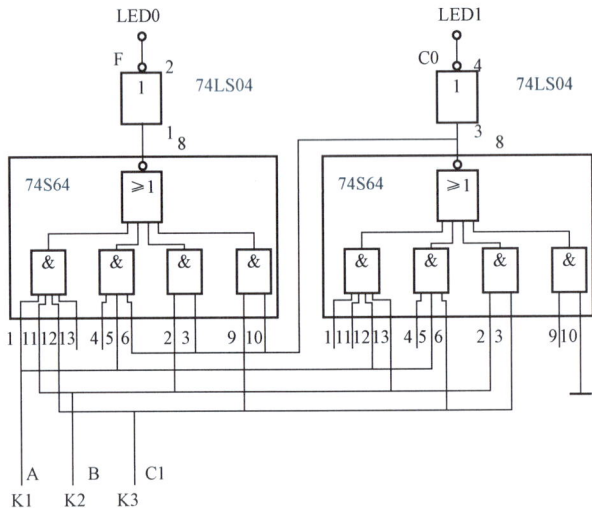

图 5-13　全加器

（2）将 A、B、C1 接电平开关输出，F、C0 接电平指示灯。

（3）拨动电平开关，产生 A、B、C1 的 8 种组合，观测并记录 F 和 C0 的值。

（4）全加器真值表，见表 5-8。

表 5-8　　　　　　　　　　　　**全 加 器 真 值 表**

| 输　　入 | | | 输　　出 | |
|---|---|---|---|---|
| A | B | C1 | F | C0 |
| 0 | 0 | 0 | | |
| 0 | 0 | 1 | | |
| 0 | 1 | 0 | | |
| 0 | 1 | 1 | | |
| 1 | 0 | 0 | | |
| 1 | 0 | 1 | | |
| 1 | 1 | 0 | | |
| 1 | 1 | 1 | | |

2. 实验提示

对与或非门而言，如果一个与门中的一条或几条输入引脚不被使用，则需将它们接高电平；如果一个与门不被使用，则需将此与门的至少一条输入引脚接低电平。

### 实验报告要求

（1）写出 F 与 C0 的逻辑表达式。

（2）用真值表表达逻辑图 5 - 13。

## 实验 16  组合逻辑中的冒险现象

### 实验基础及实验准备

1. 实验目的

（1）了解组合逻辑中的冒险现象。

（2）简单组合逻辑电路的设计。

2. 实验所用器件和仪表

（1）六反相器 74LS04　　　　　　1 片。

（2）四 2 输入与非门 74LS00　　　1 片。

（3）示波器。

3. 实验原理

（1）竞争—冒险：门电路两个输入信号同时向相反的逻辑电平跳变，即一个从 1 变为 0，另一个从 0 变为 1 的现象叫做竞争。只要存在竞争现象，输出就有可能出现违背稳态下逻辑关系的尖峰脉冲，这种现象叫做竞争—冒险。

（2）检查竞争的方法：在每次只有一个输入变量改变状态的简单情况下，可以通过逻辑函数式，判断组合逻辑电路中是否有竞争—冒险现象。

### 实验内容

利用提供的设备和器件自行设计实验电路和实验步骤，测试组合逻辑电路中的冒险现象（建议采用 1MHz 的信号输入）。

### 实验报告要求

（1）画出每个实验的逻辑图。

（2）画出在与非门输出端观测到的波形。

（3）分析波形图上冒险现象产生的原因。

## 实验 17  触  发  器

### 实验基础及实验准备

1. 实验目的

（1）掌握 RS 触发器、D 触发器、JK 触发器的工作原理。

（2）学会正确使用 RS 触发器、D 触发器、JK 触发器。

**2. 实验所用器件和仪表**

（1）四 2 输入与非门 74LS00　　　　1 片。

（2）双 D 触发器 74LS74　　　　　　1 片。

（3）双 JK 触发器 74LS73　　　　　　1 片。

（4）示波器。

**3. 实验原理**

（1）基本 RS 触发器。基本 RS 触发器具有置"0"置"1"和"保持"三种功能，通常称 $\overline{S}$ 为置"1"端，因为 $\overline{S}=0$（$\overline{R}=1$）时，触发器被置"1"；$\overline{R}$ 为置"0"端，因为 $\overline{R}=0$（$\overline{S}=1$）时，触发器被置"0"。当 $\overline{S}=\overline{R}=1$ 时状态保持；$\overline{S}=\overline{R}=0$ 时，触发器状态不定，应避免此种情况发生。

（2）JK 触发器。在输入信号为双端的情况下，JK 触发器是功能完善、使用灵活和通用性较强的一种触发器。本实验采用 74LS73 双 JK 触发器，它是下降边沿触发的边沿触发器。

JK 触发器的状态方程为

$$Q_{n+1} = J\,\overline{Q_n} + \overline{K}Q_n$$

J 和 K 是数据输入端，是触发器状态更新的依据，当 J、K 有两个或两个以上输入端时，组成"与"的关系。Q 与 $\overline{Q}$ 为两个互补输出端。通常把 $Q=0$、$\overline{Q}=1$ 的状态定为触发器的"0"状态；而把 $Q=1$、$\overline{Q}=0$ 的状态定为"1"状态。

（3）D 触发器。在输入信号为单端的情况下，D 触发器用起来最为方便，其状态方程为

$$Q_{n+1} = D_n$$

其输出状态的更新发生在 CP 脉冲的上升沿，故又称为上升沿触发的边沿触发器，触发器的状态只取决于时钟到来前 D 端的状态。D 触发器的应用很广，可用作数字信号的寄存、移位寄存、分频和波形发生等。有很多种型号可供各种用途的需要选用，如双 D74LS74、四 D74LS175、六 D74LS174 等。

### 实验内容

**1. 实验项目**

（1）用 74LS00 构成一个 RS 触发器。$\overline{R}$、$\overline{S}$ 端接电平开关输出，Q、$\overline{Q}$ 接电平指示灯。改变 $\overline{R}$、$\overline{S}$ 的电平，观测并记录 Q、$\overline{Q}$ 的值。

（2）双 D 触发器 74LS74 中一个触发器功能测试。

1）将 CLR（复位）、PR（置位）引脚接实验台电平开关输出，Q、$\overline{Q}$ 引脚接电平指示灯。改变 CLR、PR 的电平，观察并记录 Q、$\overline{Q}$ 的值。

2）在 1）的基础上，置 CLR、PR 引脚为高电平，D（数据）引脚接电平开关输出，CK（时钟）引脚接单脉冲，在 D 为高电平和低电平的情况，分别按单脉冲按钮。观察 Q、$\overline{Q}$ 的值，记录下来。

3）在 1）的基础上，将 D 引脚接 100kHz 脉冲源，CK 引脚接 1MHz 脉冲源。用双踪示波器同时观测 D 端和 CK 端，记录波形。同时观测 D、Q 端，记录波形，分析原因。

（3）制定对双 JK 触发器 74LS73 一个 JK 触发器的测试方案，并进行测试。

**2. 实验提示**

74LS73 引脚 11 是 GND，引脚 4 是 Vcc。

**3. 实验接线图及实验结果**

（1）实验项目（1）的接线图、测试步骤及结果。图 5 - 14 是 RS 触发器接线图。图中，K1、K2 是电平开关输出，LED0、LED1 是电平指示灯。按表 5 - 9 中输入值顺序对 RS 触发器进行测试，并将结果填入表中（时序电路的值与测试顺序有关，请注意）。

**表 5 - 9　RS 触发器测试顺序及结果**

| 输入 | | 输出 | |
|---|---|---|---|
| $\overline{R}$ | $\overline{S}$ | Q | $\overline{Q}$ |
| 0 | 1 | | |
| 1 | 1 | | |
| 1 | 0 | | |
| 1 | 1 | | |
| 0 | 0 | | |

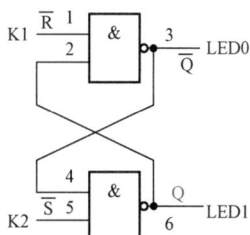

图 5 - 14　RS 触发器接线图

（2）实验项目（2）的接线图、测试步骤及结果。图 5 - 15 和图 5 - 16 是测试 D 触发器的接线图，K1、K2、K3 是电平开关输出，LED0、LED1 是电平指示灯，AK1 是按单脉冲按钮 AK1 后产生的宽单脉冲，100kHz、1MHz 是时钟脉冲源。测试步骤及结果如下：

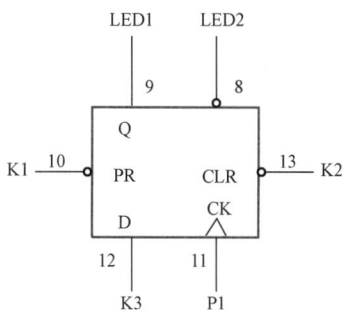

图 5 - 15　74LS74 测试图 1

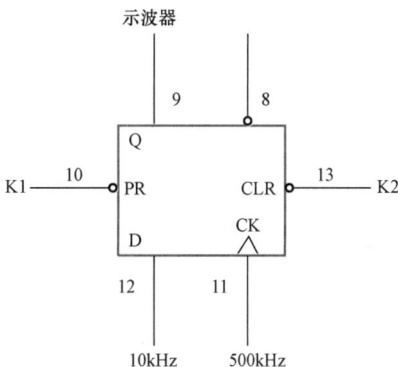

图 5 - 16　74LS74 测试图 2

1）CLR＝0，PR＝1，$\overline{Q}$＝_____，Q＝_____。

2）CLR＝1，PR＝1，$\overline{Q}$＝_____，Q＝_____。

3）CLR＝1，PR＝0，$\overline{Q}$＝_____，Q＝_____。

4）CLR＝1，PR＝1，$\overline{Q}$＝_____，Q＝_____。

5）CLR＝0，PR＝0，$\overline{Q}$＝_____，Q＝_____。

6）CLR＝1，PR＝1，D＝1，CK 接单脉冲，按单脉冲按钮，$\overline{Q}$＝_____，Q＝_____。

7）CLR＝1，PR＝1，D＝0，CK 接单脉冲，按单脉冲按钮，$\overline{Q}$＝_____，Q＝_____。

8）CLR＝1，PR＝1，D 接 10kHz 脉冲，CK 接 500kHz 脉冲，则画出 D、Q 端的波形。

9）在示波器上同时观测 Q、CK 的波形，观测到 Q 的波形只在 CK 的上升沿才发生变化。

10）根据上述测试，得出 D 触发器的功能表见表 5 - 10。

**表 5 - 10**　　　　　　　　　　　　　　**D 触发器 74LS74 功能表**

| 输　入 | | | | 输　出 | | 输　入 | | | | 输　出 | |
|---|---|---|---|---|---|---|---|---|---|---|---|
| PR | CLR | CLK | D | Q | $\overline{Q}$ | H | H | ↑ | H | | |
| L | H | X | X | | | H | H | ↑ | L | | |
| H | L | X | X | | | H | H | L | X | | |
| L | L | X | X | | | | | | | | |

（3）74LS73 中一个触发器的功能测试方案。74LS73 功能测试接线图如图 5 - 17、图 5 - 18 所示。

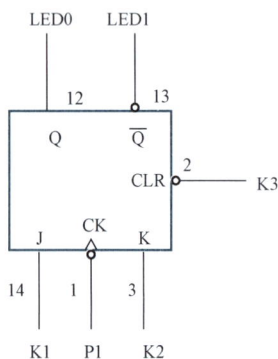

图 5 - 17　74LS73 测试图 1　　　　图 5 - 18　74LS73 测试图 2

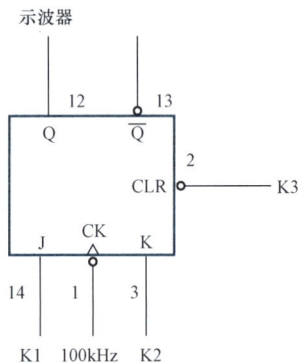

K1、K2、K3 是电平开关输出，LED0、LED1 是电平指示灯，P1 是按单脉冲按钮 P1 后产生的宽单脉冲，100kHz 是时钟脉冲源。74LS73 引脚 4 接＋5V，引脚 11 接地。

测试步骤及结果如下：

1）CLR＝0，$\overline{Q}$＝_____，Q＝_____。

2）CLR＝1，J＝0，K＝0，按单脉冲按钮 P1，$\overline{Q}$＝_____，Q＝_____。

3）CLR＝1，J＝1，K＝0，按单脉冲按钮 P1，$\overline{Q}$＝_____，Q＝_____。

4）CLR＝1，J＝0，K＝0，按单脉冲按钮 P1，$\overline{Q}$＝_____，Q＝_____。

5）CLR＝1，J＝0，K＝1，按单脉冲按钮 P1，$\overline{Q}$＝_____，Q＝_____。

6）CLR＝1，J＝0，K＝0，按单脉冲按钮 P1，$\overline{Q}$＝_____，Q＝_____。

7）CLR＝1，J＝1，K＝1，按单脉冲按钮 P1，$\overline{Q}$＝_____，Q＝_____。再按单脉冲按钮 P1，$\overline{Q}$＝_____，Q＝_____。

8）CLR＝1，J＝1，K＝1，CK 接 100kHz，画出 CK 和 Q 的波形。

9）根据以上的测试，得出 74LS73 功能表见表 5 - 11。

**表 5 - 11**　　　　　　　　　　　　　　**JK 触发器 74LS73 功能表**

| 输　入 | | | | 输　出 | |
|---|---|---|---|---|---|
| 清除 | 时钟 | J | K | Q | $\overline{Q}$ |
| L | X | X | X | | |

| 输　　入 | | | | 输　　出 | |
|---|---|---|---|---|---|
| 清除 | 时钟 | J | K | Q | $\overline{Q}$ |
| H | ↓ | L | L | | |
| H | ↓ | H | L | | |
| H | ↓ | L | H | | |
| H | ↓ | H | H | | |
| H | H | X | X | | |

### 实验报告要求

（1）画出实验项目（1）的原理图，写出其真值表。

（2）写出实验项目（2）各步的现象，在表中写出实验项目（2）的真值表。表中的"X"用高电平 H，或者低电平 L，或者保持不变代替。

（3）写出双 JK 触发器 74LS73 中一个触发器的功能测试方案，及每步测试出现的现象。参照表 5-11 的形式写出该 JK 触发器的真值表。

## 实验 18　简单时序电路

### 实验基础及实验准备

1. 实验目的

掌握简单时序电路的分析、设计、测试方法。

2. 实验所用器件和仪表

（1）双 JK 触发器 74LS73　　　2 片。

（2）双 D 触发器 74LS74　　　　2 片。

（3）四 2 输入与非门 74LS00　　1 片。

（4）示波器　　　　　　　　　　1 台。

3. 实验原理

逻辑电路可分为两大类：组合逻辑电路和时序逻辑电路。①组合逻辑电路：当前的输出仅取决于当前的输入，与电路过去的状态无关，例如各种门电路等。②时序逻辑电路：任一时刻的输出信号不但取决于当时的输入信号，而且还取决于电路原来的状态，与以前的输入有关。例如，JK 触发器就是一个最简单的时序电路，其输出不仅与当前的输入 J、K 有关，还与过去的状态 Qn 有关。

时序逻辑电路的特点：①有存储电路（触发器）、有记忆（记忆以前的状态）。②有反馈支路：存储电路的输出必须反馈到组合电路的输入端，与输入信号一起，共同决定组合电路的输出。

**实验内容**

1．实验项目

（1）2 片双 D 触发器 74LS74 构成的二进制计数器（分频器）。

1）按图 5 - 19 接线。

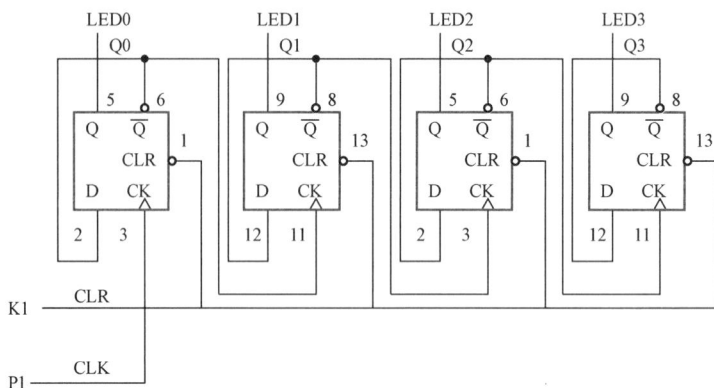

图 5 - 19    74LS74 构成二进制计数器

2）将 Q0～Q3 复位。

3）由时钟输入单脉冲，测试并记录 Q0～Q3 的状态。

4）由时钟输入连续脉冲，观测 Q0～Q3 的波形。

（2）用 2 片 74LS73 构成一个二进制计数器，重做（1）的实验。

（3）异步十进制计数器。

1）按图 5 - 19 接线，构成一个十进制计数器。

2）将 Q0～Q3 复位。

3）由时钟端 CLK 输入单脉冲，测试并记录 Q0～Q3 的状态。

4）由时钟端 CLK 输入连续脉冲，观测 Q0～Q3 的波形。

（4）自循环寄存器。

1）用双 D 触发器 74LS74 构成一个四位自循环寄存器。方法是第一级的 Q 端接第二级的 D 端，依次类推，最后第四级的 Q 端接第一级的 D 端。四个 D 触发器的 CLK 端连接在一起，然后接单脉冲时钟。

2）将触发器 Q0 置 1，Q1～Q3 清 0。按单脉冲按钮，观察并记录 Q0～Q3 的值。

2．实验提示

（1）74LS73 引脚 11 是 GND，引脚 4 是 Vcc。

（2）D 触发器 74LS74 是上升沿触发，JK 触发器 74LS73 是下降沿触发。

3．实验接线及测试结果

（1）实验项目（1）接线图及测试结果。

1）接线图如图 5 - 19 所示，图中 K1 是电平开关输出，P1 是按单脉冲按钮 P1 产生的单脉冲，LED0～LED3 是电平指示灯。所有 PR 端（4、10 脚）接高电平 H。

2）置 K1 为低电平，则 Q3Q2Q1Q0＝_____。

3）置 K1 为高电平，按单脉冲按钮 P1，Q3～Q0 的值变化填入表 5 - 12 中。

表 5 - 12                                   数 据 表

| Q3 | Q2 | Q1 | Q0 |
| --- | --- | --- | --- |
|  |  |  |  |
|  |  |  |  |
|  |  |  |  |
|  |  |  |  |
|  |  |  |  |
|  |  |  |  |
|  |  |  |  |
|  |  |  |  |
|  |  |  |  |
|  |  |  |  |
|  |  |  |  |
|  |  |  |  |
|  |  |  |  |
|  |  |  |  |
|  |  |  |  |
|  |  |  |  |

4）将接单脉冲 P1 的线（CLK）改接 100kHz 连续脉冲，用示波器观测 Q0～Q3。画出 Q0～Q3 的波形图。

5）$\overline{Q1}$～$\overline{Q4}$也构成一个计数器，这是一个递减计数器。

（2）实验项目（2）的接线图及测试结果。

1）实验项目（2）的接线图如图 5 - 20 所示，图中，K1 是电平开关输出，P1 是按单脉冲按钮 P1 产生的单脉冲，LED0～LED3 是电平指示灯。所有的 J、K 端（14、7、3、10）接高电平 H。

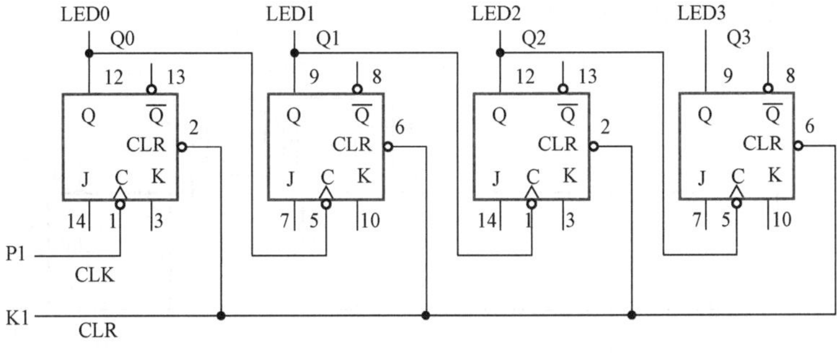

图 5 - 20    74LS73 构成二进制计数器

2）置 K1 为低电平，则 Q3Q2Q1Q0＝_____。

3）置 K1 为高电平，按单脉冲按钮 P1，Q3～Q0 的值变化填入表 5 - 13 中。

表 5-13                                                                                   数 据 表

| Q3 | Q2 | Q1 | Q0 |
|---|---|---|---|
|  |  |  |  |
|  |  |  |  |
|  |  |  |  |
|  |  |  |  |
|  |  |  |  |
|  |  |  |  |
|  |  |  |  |
|  |  |  |  |
|  |  |  |  |
|  |  |  |  |
|  |  |  |  |
|  |  |  |  |
|  |  |  |  |
|  |  |  |  |
|  |  |  |  |
|  |  |  |  |
|  |  |  |  |
|  |  |  |  |

4）将接单脉冲 AK1 的线（CLK）改接 100kHz 连续脉冲，用示波器观测 Q0～Q3。画出 Q0～Q3 的波形图。

（3）异步十进制计数器接线图及测试结果。

1）接线图如图 5-21 所示，图中，K1 是电平开关输出，AK1 是按单脉冲按钮 AK1 产生的单脉冲，LED0～LED3 是电平指示灯。

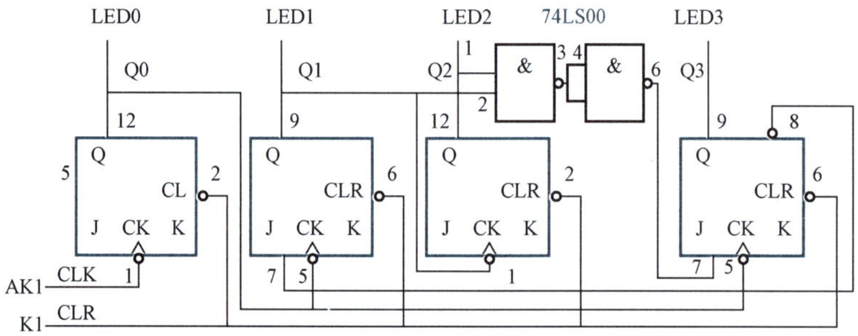

图 5-21　异步十进制计数器接线图

2）置 K1 为低电平，则 Q3Q2Q1Q0=_____。

3）置 K1 为高电平，按单脉冲按钮 AK1，Q3～Q0 的值变化填入表 5 - 14 中。

表 5 - 14                                数 据 表

| Q3 | Q2 | Q1 | Q0 |
|---|---|---|---|
| | | | |
| | | | |
| | | | |
| | | | |
| | | | |
| | | | |
| | | | |
| | | | |
| | | | |
| | | | |
| | | | |
| | | | |
| | | | |
| | | | |

4）将接单脉冲 AK1 的线（CLK）改接 100kHz 连续脉冲，用示波器观测 Q0～Q3。画出 Q0～Q3 的波形图。

（4）利用两片 74LS74 自行设计实验电路和步骤，组成自循环计数器并测试（提示：同步清零，同步触发，手动预置，用发光管观察输出结果）。

### 实验报告要求

（1）写出实验项目（1）中，用单脉冲做计数脉冲时，Q0～Q3 的状态转移表；画出连续计数时钟下 Q0～Q3 的波形。

（2）$\overline{Q1}$～$\overline{Q4}$ 构成计数器吗？如果是计数器，那么是递增还是递减？

（3）画出实验项目（2）的电路图。

（4）写出实验项目（3）中，用单脉冲作计数脉冲时，Q0～Q3 的状态转移表；画出连续计数时钟下 Q0～Q3 的波形。

（5）画出实验项目（4）的电路图。写出用单脉冲作计数脉冲时，Q0～Q3 的状态转移表。

## 实验 19    计  数  器

### 实验基础及实验准备

**1. 实验目的**

（1）掌握计数器 74LS162 的功能。

（2）掌握计数器的级联方法。

（3）熟悉任意模计数器的构成方法。

（4）熟悉数码管的使用。

2．实验说明

计数器器件是应用较广的器件之一。它有很多型号，各自完成不同的功能，供使用中根据不同的需要选用。本实验选用 74LS162 做实验用器件。74LS162 是十进制 BCD 同步计数器。Clock 是时钟输入端，上升沿触发计数触发器翻转。允许端 P 和 T 都为高电平时允许计数，允许端 T 为低时禁止 Carry 产生。同步预置端 Load 加低电平时，在下一个时钟的上升沿将计数器置为预置数据端的值。清除端 Clear 为同步清除，低电平有效，在下个时钟的上升沿将计数器复位为 0。74LS162 的进位位 Carry 在计数值等于 9 时，进位位 Carry 为高，脉宽是 1 个时钟周期，可用于级联。

3．实验原理

计数器是一个用以实现计数功能的时序部件，它不仅可用来记脉冲数，还常用作数字系统的定时、分频和执行数字运算以及其他特定的逻辑功能。

（1）二～十进制（8421BCD 码）可逆计数器。数字电路中的十进制计数器是由四级二进制计数器经反馈法而构成的，因而称为二～十进制计数器。但由于反馈方式不同，又可分为几种码制，8421BCD 码就是其中的一种，它也有加法、减法及可逆计数器之分。

（2）集成同步十进制可逆计数器 74LS190。74LS190 是集成同步十进制可逆计数器，有超前进位功能，当计数上溢或下溢时，C0/B0 输出宽度等于 CP 周期的高电平脉冲，行波时终端 $\overline{RC}$ 输出一个宽度为 CP 低电平部分的低电平脉冲。

（3）用 74LS190 构成任意进制的可逆计数器。74LS190 是十进制同步可逆计数器，可以用反馈法（清零法及置位法）构成二～九进制的可逆计数器。

（4）用触发器组成计数器。用 D 触发器或 JK 触发器也可以组成各种计数器，这里不作说明。

4．实验所用器件和仪表

（1）同步 4 位 BCD 计数器 74LS162　　　2 片。

（2）二输入四与非门 74LS00　　　1 片。

（3）示波器。

## 实验内容

1．实验项目

（1）用 1 片 74LS162 和 1 片 74LS00 采用复位法构成一个模 7 计数器。用单脉冲做计数时钟，观测计数状态，并记录。用连续脉冲做计数时钟，观测并记录 QD、QC、QB、QA 的波形。

（2）用 1 片 74LS162 和 1 片 74LS00 采用置位法构成一个模 7 计数器。用单脉冲做计数时钟，观测计数状态，并记录。用连续脉冲做计数时钟，观测并记录 QD、QC、QB、QA 的波形。

（3）用 2 片 74LS162 和 1 片 74LS00 构成一个模 60 计数器。2 片 74LS162 的 QD、QC、QB、QA 分别接两个数码管的 D、B、C、A。用单脉冲做计数时钟，观测数码管数字的变化，检验设计和接线是否正确。

2. 实验接线及测试结果

(1) 复位法构成的模 7 计数器接线图及测试结果。

1) 复位法构成的模 7 计数器接线图如图 5-22 所示。图中，AK1 是按单脉冲按钮 AK1 产生的单脉冲，LED0～LED3 是电平指示灯，100kHz 是实验台上的时钟脉冲源。

2) 按单脉冲按钮 AK1，QD、QC、QB、QA 的值变化如表 5-15 所示。

表 5-15　　　数　据　表

| 复位法 7 进制计数器状态转移表 | | | |
|---|---|---|---|
| QD | QC | QB | QA |
|  |  |  |  |
|  |  |  |  |
|  |  |  |  |
|  |  |  |  |
|  |  |  |  |
|  |  |  |  |
|  |  |  |  |
|  |  |  |  |

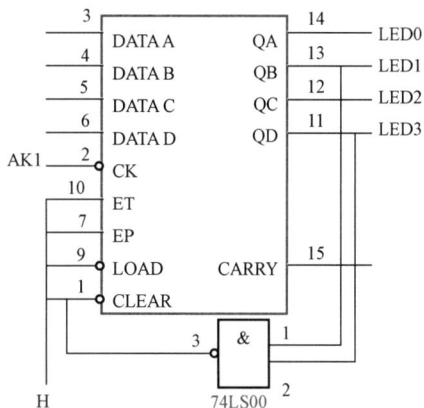

图 5-22　复位法 7 进制计数器

3) 将接单脉冲 AK1 的线 （CK） 改接 100kHz 连续脉冲，用示波器观测 QD、QC、QB、QA。

(2) 置位法模 7 计数器接线图及测试结果。

1) 置位法模 7 计数器接线图如图 5-23 所示。

2) 按单脉冲按钮 AK1，QD、QC、QB、QA 的值变化见表 5-16。

表 5-16　　　数　据　表

| 置位法 7 进制计数器状态转移表 | | | |
|---|---|---|---|
| QD | QC | QB | QA |
|  |  |  |  |
|  |  |  |  |
|  |  |  |  |
|  |  |  |  |
|  |  |  |  |
|  |  |  |  |
|  |  |  |  |
|  |  |  |  |

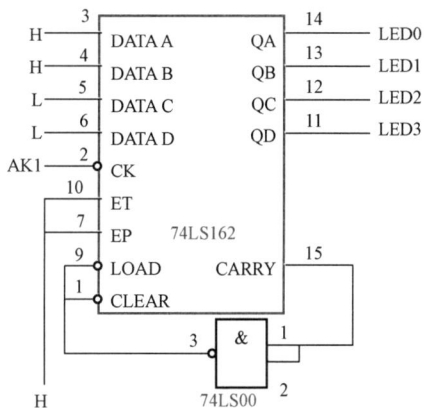

图 5-23　置位法模 7 计数器接线图

3) 将接单脉冲 AK1 的线 （CK） 改接 100kHz 连续脉冲，用示波器观测 QD、QC、QB、QA。

(3) 模 60 计数器。

1) 复位法模 60 计数器接线图如图 5-24 所示，图中，LED1-A，LED1-B，LED1-C，

LED1-D，LED2-A，LED2-B，LED2-C，LED2-D 是数码管的数据端，AK1 是按单脉冲按钮 AK1 产生的单脉冲。

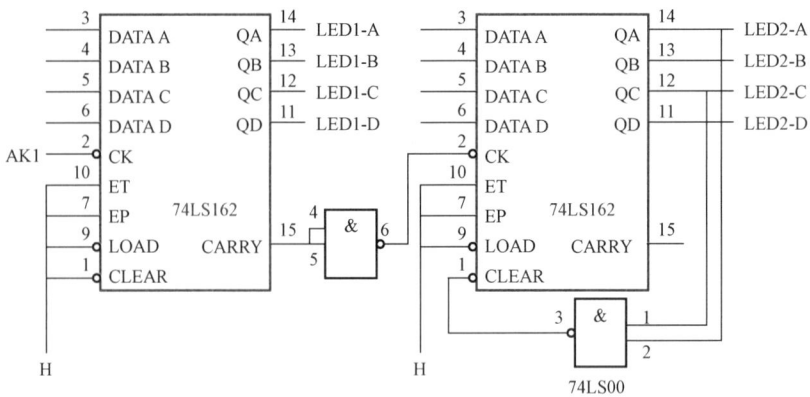

图 5-24　复位法模 60 计数器接线图

2）自行设计置位法模 60 计数器，画图并测试。

### 实验报告要求

（1）画出各实验电路的状态转移表（60 进制的分各位和十位分别画出）。

（2）画出自行设计置位法模 60 计数器的实验电路及实验结果。

## 实验 20　四相时钟分配器

### 实验基础及实验准备

1．实验目的

（1）学习译码器的使用。

（2）学习设计、调试较为复杂的数字电路。

（3）学会用示波器测量三个以上波形的时序关系。

2．实验所用器件和仪表

（1）双 JK 触发器 74LS73　　　　　　　2 片。

（2）双 2—4 线译码器 74LS139　　　　　1 片。

（3）六反相器 74LS04　　　　　　　　　1 片。

（4）示波器　　　　　　　　　　　　　　1 台。

### 实验内容

1．实验项目

（1）四相时钟分配器的电路图如图 5-25 所示。

（2）在实验台上按逻辑图连接线路。示波器测量 CP、A 相、B 相、C 相、D 相的时序关系，画出时序图，检查是否满足要求。

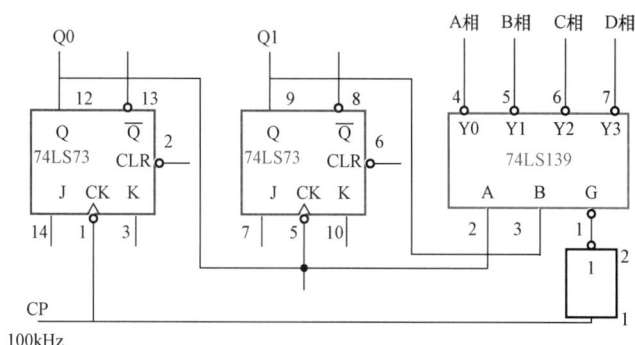

图 5 - 25　四相时钟分配器接线图

2. 实验提示

（1）双 JK 触发器 74LS73 引脚 11 是 GND，引脚 4 是 Vcc。

（2）用 74LS73 构成一个四进制计数器。

（3）计数器输出 Q0、Q1 作为译码器的输入。

（4）用示波器测量多个信号的时序关系是以测量两个信号的时序关系为基础的。本实验中，可首先测量 CP 和 A 相时钟的时序关系，然后测量其他相时钟和 A 相时钟的时序关系。

3. 测试结果

（1）用双踪示波器测量 CP 和 A 相时钟波形，并画出波形。

（2）用双踪示波器测量 A 相和 B 相时钟波形，并画出波形。

（3）用双踪示波器测量 B 相和 C 相时钟波形，并画出波形。

（4）用双踪示波器测量 C 相和 D 相时钟波形，并画出波形。

（5）画出 CP 和 A、B、C、D 的时序关系波形图。

## 实验 21　EPROM 存储器

### 实验基础及实验准备

1. 实验目的

（1）熟悉 EPROM 器件的编程。

（2）学会使用 EPROM。

2. 实验所用器件和仪表

（1）EPROM2716　　　　　　　　　　　1 片。

（2）TDS-1 数字电路实验系统　　　　1 台。

3. 实验原理

EPROM 是常用的存储器芯片。它具有不易失性，即在无供电电源的条件下，存储的信息也不丢失。在紫外线照射下，能擦除 EPROM 中存储的数据信息。它主要用于固化程序、存储固定的数据。2716 是一个 16Kbits（2K×8bit）的 EPROM 芯片。其中，A10～A0 是地址线，A10 是高位，A0 低位；$\overline{CE}$为芯片允许端，低电平时允许芯片工作；$\overline{OE}$是输出允许端，低电平时读出数据；O7～O0 是数据线，O0 是低位，O7 是高位；PGM 是编程控制端，用于将新的内

实验

*21*

容写入 2716。当 $\overline{CE}$ 是低电平时，在 $\overline{OE}$ 上加低电平，则将 A10～A0 指定的单元中的 8bit 数读出，放在数据线 O7～O0 上。当 $\overline{OE}$ 或者 $\overline{CE}$ 是高电平时，数据线 O7～O0 处于三态。

### 实验内容

（1）使用 DOS 下的 DEBUG 程序生成一个 2K 字节数据文件，数据内容是 00H，01H，02H，…，0FFH。重复多次，一直到 2K 字节。

（2）使用 TDS 数字电路实验系统提供的 EPROM 编程器（或者其他编程器），将文件中包含的 2K 字节的数据写入到 2716 中。

（3）插 2716 到 TDS 实验台上，接好电源线和地线。2716 的地址线 A10～A1 接电平开关输出，数据线 O7～O0 接电平指示灯。$\overline{CS}$ 接低电平。

（4）将 2716 的地址 A10～A0 置为以 000H，$\overline{OE}$ 接高电平。观测并记录 O7～O0 的值。

（5）将 2716 的 $\overline{OE}$ 引脚接低电平。从 000H 开始给 A10～A0 置值，每次加 1，直到 03FH。观测并记录 O7～O0 的值。

（6）将 2716 的地址 A10～A0 置为 10 个不同的随意值。观测并记录 O7～O0 的值。

### 实验报告要求

（1）写出 2716 的写入（编程）步骤。

（2）写出实验内容 4 观测到的 O7～O0 的值，并予以说明。

（3）写出实验内容 5 中使用的地址及对应的 O7～O0 的值，并予以说明。

（4）写出实验内容 6 中使用的地址及对应的 O7～O0 的值，并予以说明。

# 实践 篇

- 电子技术课程设计

- 表面贴装技术（SMT）实习指导

- 焊接基本技术

- 超外差式六管调幅收音机
  （H950型）装配指导

- Multisim仿真技术

# 第6章

# 电子技术课程设计

## 第1节　课程设计的任务与基本要求

电子技术课程设计的任务是通过设计题目的完成提高学生在电子技术方面的实践技能,培养学生综合运用理论知识解决实际问题的能力,熟悉电子电路设计的基本思想方法和程序。

电子技术课程设计的基本要求如下:

(1) 掌握电子电路设计的基本过程和思想方法,设计的基本过程为:

1) 根据设计任务和指标初选电路模型,即方案设计。

2) 参数设计计算。

3) 确定详细的电路方案。

4) 选测元器件。

5) 组装、调试、改进电路。

6) 确定最后电路并写出总结报告。

基本思想方法:首先将所设计的电路分解为不同功能电路的组合,然后设计实现各功能电路。实现各功能电路的方法是选用功能电路。第三步是进行功能电路的参数设计计算和功能电路之间连接的实现。

(2) 培养一定的自学能力和分析、解决问题的能力。学会分析、解决问题的方法,对设计中遇到的问题能通过独立思考,查阅工具书、参考文献找到答案。

(3) 学会一定的动手能力和操作技能。学会元器件的识别、测试、使用技能,学会用面板组装电路的技能,掌握电路试验、测量技能及电子仪器使用技能。

(4) 熟悉典型集成块的使用。集成块的种类很多,应用非常广泛,在课程设计中不可能一一应用。我们仅以应用最广泛的运算放大器、BE555定时器集成计数器、集成触发器、集成门电路为例,通过这些集成块的应用,掌握集成电路的使用方法、特点、注意事项。

(5) 进一步熟悉掌握典型功能电路的设计方法。如时序电路的设计,单级放大电路的设计等。

## 第2节　电子电路设计的基本过程与思想方法

电子系统设计的最终目标是做出生产样机或定型产品,整个过程大致可分为以下几个阶段:

### 1. 方案设计

根据设计任务书给定的要求和指标,进行电路的型式设计。完成该部分任务的思想方法:首先将总体电路分解为不同功能电路的组合。尽可能大量查阅参考资料和文献,广泛调查研究,寻找在实际中已获得应用,证明是可靠、先进的各种功能电路。然后进行组合,最终寻找出最佳电路型式。在绝大多数情况下,虽然设计的是一个全新的产品,但构成该产品的各功能电路通常是已有的。如果需要某种新的、目前尚不存在的功能电路，则必须进行这种功能电路的原理设计，这要求较高的技巧和水平，是一种发明创造。所以在电路型式设计时，首先将所设计电路分解为功能电路，然后选用功能电路，设计功能电路的有机组合方法。在选用达不到要求时，再考虑进行全部或部分功能电路的设计。

**2. 电路参数的设计计算**

电路型式确定以后，只是实现了所要求的功能，并没有实现具体的性能指标。必须进一步进行电路结构的详细设计，以及元器件的选用和参数的设计计算。在进行该步工作中，有可能发现电路型式设计的不合理，这时须对电路型式进行修改。

**3. 元器件的购置与测试**

要将设计的电子电路变成一个电子装置，必须购置到全部元器件。有时，由于某些原因，某些元器件可能无法得到或性能参数达不到要求，这时就必须修改设计。

**4. 样机制作及调试**

这一步要完成构件的加工，元器件的组装，进行整机调试、指标测试，根据测试结果进行方案调整和参数调整。最后做出符合要求的样机。课程设计中此步是用面板搭接电路，不做外壳和印制电路板等。

**5. 工艺设计**

根据产品的批量和其他因素，设计出该电子装置的制造工艺。课程设计不进行这一步工作。

**6. 总结鉴定，形成所需要的全部文件资料**

这一步工作是提交该产品鉴定、生产、维修、使用等所必需的各种文件。如：原理图、接线图、元器件明细表、工艺要求、试验、检验方法、使用、维护须知等。课程设计中，要求每一位同学必须提供元器件明细表、原理图、接线图、电路分析及参数设计计算报告，实验结果与数据等。

下面通过一个例子说明电子电路设计的过程与思路。

温度、湿度显示、报警、控制电路的设计步骤如下：

(1) 首先可以将该电路分解为以下几部分功能电路：

1）温度检测电路。

2）湿度检测电路。

3）温度控制电路。

4）湿度控制电路。

5）温度显示、报警电路。

6）湿度显示、报警电路。

(2) 广泛查阅资料，寻找每个功能电路的最佳电路型式，并设计出各功能电路之间的连接方式。

(3) 决定电路的详细结构，进行电路参数的设计计算。

(4) 选购、测试元器件。

(5) 制作样机电路，进行调试、改进。

(6) 工艺设计。

(7) 整理并完成全部文件资料。

由上可见，一个电子装置的设计、试制过程是比较复杂的，而且往往需要多次反复。我们在进行课程设计时受到时间、资金、设备的限制，不可能使同学们参加所有环节的训练。从某种意义上讲，课程设计只是实验室的模拟练兵。要真正做出商业产品比较困难。可以把前五步以及每一步的分析总结报告作为训练的重点。

## 第3节　非电专业电子技术课程设计题目

### 题目1　电平显示电路

● 设计内容

设计两个电平显示电路，分别用发光二极管显示$-5\sim+5V$和$0\sim10V$两种电压信号。当电压较低时，发光二极管的个数较少，当电压较高时，发光二极管的个数较多。用8个发光二极管指示电平的高低。

● 任务与要求

（1）完成电路设计，画出原理图。

（2）写出电路原理分析及参数设计计算报告。

（3）画出接线图，完成电路连接并进行演示。

（4）写出总结报告。

● 提示

可由集成运算放大器构成该电路。

### 题目2　六十进制秒计时器

● 设计内容

能对秒信号进行六十进制计数，并用LED显示。

● 任务与要求

（1）完成电路设计，画出原理图。

（2）写出设计过程和电路原理分析报告。

（3）画出接线图，完成计数器的设计并进行演示。

（4）写出总结报告。

● 提示

（1）脉冲信号可用石英晶体振荡器和分频器产生，也可用555定时器产生。

（2）计数器可选用同步计数器，如74LS160。

### 题目3　晚会彩灯控制

● 设计内容

某晚会用红、绿、黄三组彩灯采光，三组灯亮的顺序为：红灯亮→绿灯亮→黄灯亮→全亮→全暗→红灯亮→……重复以上过程。试用 J—K 触发器设计该时序电路，实现对三组彩灯的控制。

● **任务与要求**

（1）完成电路设计，画出原理图。

（2）写出电路设计过程及原理分析报告。

（3）画出接线图，接线并进行电路功能演示。

（4）写出总结报告。

● **提示**

（1）可用数字学习机提供脉冲信号。

（2）红灯、绿灯、黄灯分别用红、绿、黄发光二极管代替。

（3）J—K 触发器采用 74LS112。

## 题目 4　窗口比较、指示器

● **设计内容**

该窗口比较电路有上限电压 $U_u$，下限电压 $U_l$，输入电压 $U_t$，当 $U_l < U_t < U_u$ 时，发光二极管发光，并产生 1000Hz 幅值为 ±5V 的振荡信号，该信号产生音响。当 $U_t < U_l$ 或 $U_t < U_u$ 时，发光二极管灭，并产生 4000Hz 幅值为 ±5V 的振荡信号，该信号产生高频音响。

● **任务与要求**

（1）完成电路设计，画出原理图。

（2）写出电路原理分析及参数设计计算报告。

（3）画出接线图，进行接线和电路功能演示。

（4）写出总结报告。

● **提示**

（1）该电路可由运放 741 和 555 定时器电路实现。

（2）窗口宽度及电平值可调。本设计中设：$U_l = 6V$，$U_u = 8V$。

## 题目 5　三 角 波 发 生 器

● **设计内容**

设计一个三角波发生器，频率 2000Hz，正负峰值相等，分别为 ±6V。

● **任务与要求**

（1）完成电路设计，画出原理图。

（2）写出电路原理分析及参数设计计算报告。

（3）画出接线图，完成接线，用示波器观察波形，并测量频率和峰值。

（4）写出总结报告。

● **提示**

可由集成运放完成该电路。

## 题 目 6　锯 齿 波 发 生 器

● 设计内容

设计一锯齿波发生器，频率 2000Hz，上升边占总周期的 3/4，下降边占总周期的 1/4，幅值为 ±6V。

● 任务与要求

（1）完成电路设计，画出原理图。

（2）写出电路原理分析及参数设计计算报告。

（3）画出接线图，完成接线，用示波器观察波形，并测量频率和峰值。

（4）写出总结报告。

● 提示

可由集成运放完成该电路。

## 题 目 7　频率和占空比可独立调节的方波发生器

● 设计内容

设计一方波发生器，频率和占空比可独立调节，频率调节范围 400～4000Hz，占空比调节范围 1%～99%，峰值电压为 ±6V。

● 任务与要求

（1）完成电路设计，画出原理图。

（2）写出电路原理分析及参数设计计算报告。

（3）画出接线图，完成接线，用示波器观察波形，并测量频率和峰值。

（4）写出总结报告。

● 提示

可由运放 741 完成该电路。

## 题 目 8　多 音 门 铃

● 设计内容

按不同的键，该电路可产生不同的音调。其振荡频率分别为 1000、2000、3000、4000Hz，信号幅值为 ±6V。

● 任务与要求

（1）完成电路设计，画出原理图。

（2）写出电路原理分析及参数设计计算报告。

（3）画出接线图，完成接线，进行演示并测量信号的频率和峰值。

（4）写出总结报告。

● 提示

可由集成运放完成该电路。

## 题 目 9 火 警 音 响 电 路

● **设计内容**

音频信号的频率发生周期性变化,将产生变化的声调,从而产生各种音响效果。要求音频信号的波动频率为 0.7～14Hz,音频信号的频率范围为 870～8700Hz,占空比40%,信号幅值为+10V。

● **任务与要求**

(1) 完成电路设计,画出原理图。

(2) 写出电路原理分析及参数设计计算报告。

(3) 画出接线图,完成接线,进行演示。

(4) 写出总结报告。

● **提示**

(1) 火警信号的频率波动规律如图 6-1 所示。音频信号的频率按锯齿波规律线性变化,控制 NE555 的 5 脚可产生此种效果。

图 6-1 火警信号的频率波动规律

(2) 可用两片 NE555 或运放与 555 实现。

## 题 目 10 救 护 车 音 响 电 路

● **设计内容**

音频信号得以两个不同频率产生振荡。低频 700Hz,高频 1400Hz,波动频率为0.9～14.4Hz,信号幅值为+10V。

● **任务与要求**

(1) 完成电路设计,画出原理图。

(2) 写出电路原理分析及参数设计计算报告。

(3) 画出接线图,完成接线,进行演示。

(4) 写出总结报告。

● **提示**

可用 NE555 实现该电路。

## 题目 11　警 车 音 响 电 路

● 设计内容

音频信号的频率按三角形的规律变化，即音频信号的频率线性增大，然后再线性减小，如此不断重复，将产生警车音响效果，要求音频信号的波动频率为 $0.7 \sim 14 \text{Hz}$，音频信号的频率范围为 $800 \sim 8000 \text{Hz}$，信号幅值为 $+10 \text{V}$。

● 任务与要求

（1）完成电路设计，画出原理图。

（2）写出电路原理分析及参数设计计算报告。

（3）画出接线图，完成接线，进行演示。

（4）写出总结报告。

● 提示

可用运放和 NE555 完成该电路。

## 题目 12　延 长 时 电 路

● 设计内容

电路被触发后即输出高电平，该电平可维持很长时间，且可调节。延时时间到后电路恢复初始状态。设计该电路，设延时时间为 30min。

● 任务与要求

（1）完成电路设计，画出原理图。

（2）写出电路原理分析及参数设计计算报告。

（3）画出接线图，完成接线，进行演示。

（4）写出总结报告。

● 提示

（1）可用发光二极管指示延时信号。

（2）可用 NE555 级联实现长延时。

## 题目 13　压 控 占 空 比 电 路

● 设计内容

方波的振荡频率为 1000Hz，占空比调节范围 $5\% \sim 95\%$，峰值电压为 $\pm 10 \text{V}$。

● 任务与要求

（1）完成电路设计，画出原理图。

（2）写出电路原理分析及参数设计计算报告。

（3）画出接线图，完成接线，用示波器观察波形。

（4）写出总结报告。

● 提示

可调直流电压与锯齿波电压输入比较器，可产生不同占空比的方波信号。

## 题目 14　串联式晶体管稳压电源

● 设计内容

设计一串联式晶体管稳压电源。输入电压变化范围 200～230V，负载电流 0～500mA，输出电压及其稳定度为（10±0.5)V。

● 任务与要求

（1）完成电路设计，画出原理图。

（2）写出电路原理及参数设计计算报告。

（3）完成电路接线，演示电路功能。

（4）写出总结报告。

● 提示

变压器用自耦调压器代替。

## 题目 15　生 产 工 艺 过 程 控 制

● 设计内容

某生产工艺流程分几个阶段，假设各阶段的进入都由时钟脉冲控制。四项工艺为加热、加压、喷氧、吹粉。分别用四个触发器 A、B、C、D 控制。设计该工艺流程的控制电路。工艺流程见表 6-1。

表 6-1　　　　　　　　　工　艺　流　程

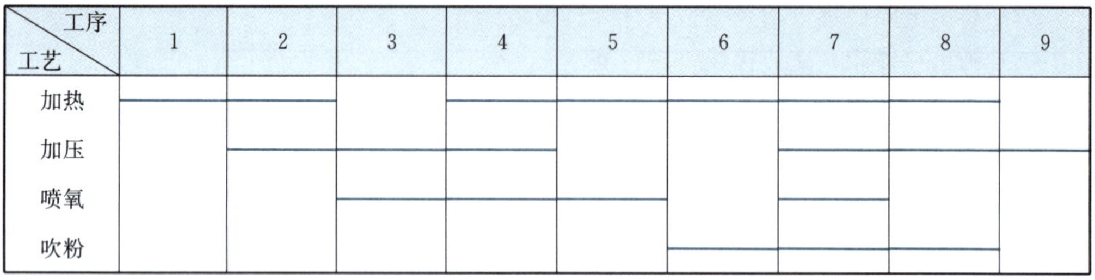

| 工序\工艺 | 1 | 2 | 3 | 4 | 5 | 6 | 7 | 8 | 9 |
|---|---|---|---|---|---|---|---|---|---|
| 加热 | | | | | | | | | |
| 加压 | | | | | | | | | |
| 喷氧 | | | | | | | | | |
| 吹粉 | | | | | | | | | |

● 任务与要求

（1）完成电路设计，画出原理图。

（2）写出电路原理分析及参数设计计算报告。

（3）画出接线图，完成接线，进行演示。

（4）写出总结报告。

● 提示

（1）脉冲信号由数字学习机提供。

（2）四项工艺分别用四个发光二极管表示。

## 题目 16　电阻阻值选择器

● 设计内容

有一待测电阻 $R_X$，$R_N$ 是给定的标准电阻。电路的功能是用发光二极管及音响指示 $R_X$ 的阻值，若 $R_X > 1.05R_N$，VD1 亮，发出 500Hz 音响信号。若 $R_X < 0.95R_N$，VD2 亮，发出 2000Hz 音响。若 $0.95R_N < R_X < 1.05R_N$，VD1、VD2 均不亮，发出 5000Hz 音响。

● 任务与要求

（1）完成电路设计，画出原理图。

（2）写出电路原理分析及参数设计计算报告。

（3）画出接线图，完成接线，进行电路功能演示。

（4）写出总结报告。

● 提示

可用运放实现该电路。

## 题目 17　压控三角波发生器

● 设计内容

设计一个压控三角波发生器，频率范围 $1000 \sim 3000Hz$，正负峰值相等，分别为 $\pm 6V$。

● 任务与要求

（1）完成电路设计，画出原理图。

（2）写出电路原理分析及参数设计计算报告。

（3）画出接线图，完成接线，用示波器观察波形，并测量频率和峰值。

（4）写出总结报告。

● 提示

可由集成运放完成该电路。

## 题目 18　自动循环程序式定时电路

● 设计内容

电路有四路单独的延时输出信号。四路延时信号相继触发。前一路延时信号的结束启动后一路延时信号。四路的延时时间分别为 2、1、3、4s。电路可以实现启动、停止。电路启动后即自动循环。

● 任务与要求

（1）完成电路设计，画出原理图。

（2）写出电路原理分析及参数设计计算报告。

（3）画出接线图，进行接线，并演示电路功能。

（4）写出总结报告。

● 提示

（1）每路延时信号用发光二极管表示。

（2）可用 NE555 实现该电路。

### 题目 19 自 动 调 光 电 路

● 设计内容

改变晶闸管的导通角，要改变交流电压的大小。设计一电路，使双向晶闸管的导通角在 $30°\sim180°$ 连续可调。

● 任务与要求

(1) 完成电路设计，画出原理图。

(2) 写出电路原理分析及参数设计计算报告。

(3) 画出接线图，进行接线，并演示电路功能。

(4) 写出总结报告。

● 提示

可用单结晶体管和双向可控实现该电路。

### 题目 20 最简单的电子琴电路

● 设计内容

设计一多谐振荡器电路，按不同的键，振荡器发出幅值不变但频率不同的声调。设振荡频率分别为 100、300、500、700、900、1100、1300、1800Hz，信号幅值为 10V。

● 任务与要求

(1) 完成电路设计，画出原理图。

(2) 写出电路原理分析及参数设计计算报告。

(3) 画出接线图，完成电路接线，调试电路，直至声音悦耳为止。

(4) 写出总结报告。

● 提示

可用 555 电路实现该电路。

## 第 4 节 电专业电子技术课程设计题目

### 题目 1 数 字 时 钟 电 路

● 设计内容

设计一个数字时钟电路，可以显示时、分、秒；时钟以 12h 为一个周期，具有校时功能，可以对时、分和秒单独校时。

● 任务与要求

(1) 完成电路设计，画出原理图。

(2) 写出电路原理分析及参数设计计算报告。

(3) 画出接线图，完成接线，进行演示。

(4) 写出总结报告。

**提示**

(1) 为了设计的稳定性和准确，由石英晶体振荡电路提供时间基准信号。

(2) 计数器可选用同步计数器，如74LS160。

## 题目2 汽车尾灯控制电路

**设计内容**

汽车尾部左右两侧各有三个指示灯，由K1、K2两个开关控制。灯的亮灭顺序要求见表6-2。试用与非门和D触发器设计一控制电路。

**表6-2** 灯的亮灭顺序

| K1 | K2 | 运行状态 | 对指示灯的要求 |
|---|---|---|---|
| 0 | 0 | 正常运行 | 六灯均亮 |
| 0 | 1 | 右转 | 右侧三灯自左向右巡回电亮 |
| 1 | 0 | 左转 | 左侧三灯自右向左巡回电亮 |
| 1 | 1 | 停车 | 六灯同步闪烁 |

**任务与要求**

(1) 完成电路设计，画出原理图。

(2) 写出电路原理分析及参数设计计算报告。

(3) 画出接线图，完成接线，进行演示。

(4) 写出总结报告。

**提示**

(1) 脉冲信号由数字学习机提供。

(2) 六个指示灯可用六个发光二极管代替。

## 题目3 交通信号灯控制

**设计内容**

设有一十字路口如图6-2所示，南北方向由指示灯L1、L1′、L2、L2′指示。东西方向由指示灯L3、L3′、L4、L4′指示。其中L1～L4为绿灯。L1′～L4′为红灯。当南北方向刚放行时，减法计数器S1显示45，S2显示50并开始减法计数。同时南北方向绿灯亮、东西方向红灯亮。当S1计数到5时，绿灯开始闪烁。当S1显示0时，绿灯灭，红灯亮，此时东西方向数字为5。在东西方向的数字显示从5到0时，期间S1无显示，但红灯亮。当东西方向的数字显示为0时，东西方向红灯灭，绿灯亮，南北方向红灯仍亮，南北方向的数字显示为50，东西方向置数45。然后重复以上过程。

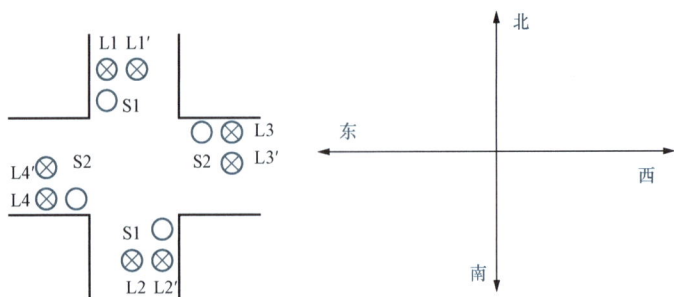

图 6-2 十字路口交通信号灯控制

● **任务与要求**

红、绿信号灯分别用红、绿发光二极管代替。

## 题 目 4 电 子 密 码 锁

● **设计内容**

设计一个电子密码锁，其密码为四位二进制代码，当输入代码与密码一致时电子密码锁被打开，当输入代码与密码不一致时电子密码锁发出报警信号，报警时间设定为 1min。

● **任务与要求**

(1) 完成电路设计，画出原理图。

(2) 写出电路设计过程及原理分析报告。

(3) 画出接线图，接线并进行电路功能演示。

(4) 写出总结报告。

● **提示**

可用发光二极管来代替密码锁，设电路输出高电平是密码锁开启，否则报警。

## 题 目 5 火 灾 报 警 电 路

● **设计内容**

当温度超过 100℃时产生火灾报警，发出音频报警信号的频率按锯齿波的规律周期性变化，范围为 870～8700Hz，音频信号的频率占空比为 40％，同时用发光二极管模拟闪光报警。

● **任务与要求**

(1) 完成电路设计，画出原理图。

(2) 写出电路原理分析及参数设计计算报告。

(3) 画出接线图，完成接线，进行演示。

(4) 写出总结报告。

● **提示**

(1) 音响电路可用 555 定时器实现。

(2) 传感器可采用 Pt100 或半导体传感器。

## 题目6 数字温度计

● 设计内容

对大气温度进行数字显示，灵敏度为 10mV/℃。

● 任务与要求

(1) 完成电路设计，画出原理图。

(2) 写出电路原理分析及参数设计计算报告。

(3) 画出接线图，完成接线，进行演示。

(4) 写出总结报告。

● 提示

(1) 显示电路用 ICL7107 和共阳数码管显示。

(2) 传感器可采用 Pt100 或半导体传感器。

## 题目7 电冰箱电压保护器

● 设计内容

要求当电网电压>240V 或<180V 时，能自动切断电源，电冰箱停止工作，防止电压过高或过低而烧坏电冰箱的压缩机，当电网电压恢复正常后电冰箱再工作。

● 任务与要求

(1) 运用状况显示电路：要求当电压正常时绿灯亮，当电压>240V 时红灯闪亮，当电压<180V 时黄灯闪亮。

(2) 执行部分：要求当电网电压>240V 时或<180V 时，延时 3~4s 切断电源，防止执行机构误动作；当电网电压恢复正常时，延时 1~3min 后电冰箱再工作，防止压缩泵内压力高使电机过载而烧坏。

● 提示

(1) 电压比较器部分：可采用双运算放大器 LM358。

(2) 运用 555 定时器和继电器设计一个延时执行机构。

## 题目8 低频功率放大器

● 设计内容

设计并制作具有弱信号放大能力的低频功率放大器。

● 任务与要求

(1) 放大通道在正弦信号输入电压幅度为 5~700mV，等效负值载电阻 $R_f = 8\Omega$ 下，放大通道应满足：

1) 额定输出功率 $P_{oN} \geqslant 10W$。

2) 带宽 BW $\geqslant$ 50~1000Hz。

3）在 $P_{O_N}$ 下和 BW 内的非线性失真系数≤3％。

4）在 $P_{O_N}$ 下的效率≥55％。

5）在前置放大级输入端交流短路接地时，$R_L=8\Omega$ 上的交流声功率≤10mV。

（2）自行设计并制作满足设计要求的稳压电源。

# 第 7 章

# 表面贴装技术（SMT）实习指导

电子系统的微型化和集成化是当代技术革命的重要标志，也是未来发展的重要方向。日新月异的各种高性能、高可靠、高集成、微型化、轻型化的电子产品正在改变我们的世界，影响人类文明的进程。

安装技术是实现电子系统微型化和集成化的关键。20 世纪 70 年代问世，80 年代成熟的表面安装技术（Surface Mounting Technology，SMT），从元器件到安装方式，从 PCB 设计到连接方法都以全新面貌出现，它使电子产品体积缩小，重量变轻，功能增强，可靠性提高，推动信息产业高速发展。SMT 已经在很多领域取代了传统的通孔安装（Through Hole Technology，THT），并且这种趋势还在发展，预计未来 90% 以上产品将采用 SMT。

通过 SMT 实习，了解 SMT 的特点，熟悉它的基本工艺过程，掌握最基本的操作技艺是跨进电子科技大厦的第一步。

## 第1节 SMT 简 介

### 一、THT 与 SMT

图 7 - 1 是 THT 与 SMT 的安装尺寸比较，表 7 - 1 是 THT 与 SMT 的区别，图 7 - 2 和图 7 - 3 是 THT 与 SMT 安装的线路板实例。

图 7 - 1　THT 与 SMT 的安装尺寸比较

表 7 - 1　　　　　　　　　　THT 与 SMT 的区别

|  | 时间 | 技术缩写 | 代表元器件 | 安装基板 | 安装方法 | 焊接技术 |
|---|---|---|---|---|---|---|
| 通孔安装 | 20 世纪 60～70 年代 | THT | 晶体管，轴向引线元件 | 单、双面 PCB | 手工/半自动插装 | 手工焊浸焊 |
|  | 20 世纪 70～80 年代 |  | 单、双列直插 IC，轴向引线元件编带 | 单面及多层 PCB | 自动插装 | 波峰焊，浸焊，手工焊 |
| 表面安装 | 20 世纪 80 年代开始 | SMT | SMC、SMD 片式封装 VSI、VLSI | 高质量 SMB | 自动贴片机 | 波峰焊，再流焊 |

### 二、SMT 主要特点

（1）高密集性 SMC、SMD 的体积只有传统元器件的 1/3～1/10，可以装在 PCB 的两面，有效利用了印制板的面积，减轻了电路板的重量。一般采用了 SMT 后可使电子产品的体积缩

图 7-2 THT 的安装实例

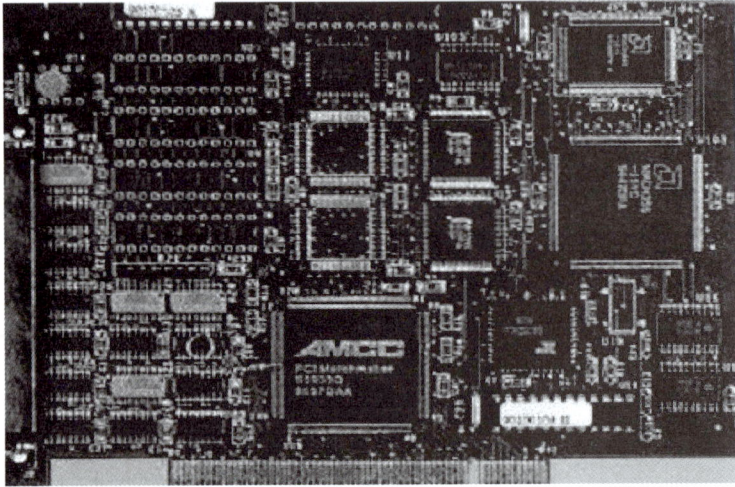

图 7-3 SMT 的安装实例

小 40%～60%，重量减轻 60%～80%。

（2）高可靠性 SMC 和 SMD 无引线或引线很短，重量轻，因而抗振能力强，焊点失效率可比 THT 至少降低一个数量级，大大提高产品可靠性。

（3）高性能 SMT 密集安装减小了电磁干扰和射频干扰，尤其高频电路中减小了分布参数的影响，提高了信号传输速度，改善了高频特性，使整个产品性能提高。

（4）高效率 SMT 更适合自动化大规模生产。采用计算机集成制造系统（CIMS）可使整个生产过程高度自动化，将生产效率提高到新的水平。

（5）低成本 SMT 使 PCB 面积减小，成本降低；无引线和短引线使 SMC、SMD 成本降低，安装中省去引线成型、打弯、剪线的工序；频率特性提高，减少调试费用；焊点可靠性提高，减小调试和维修成本。一般情况下采用 SMT 后可使产品总成本下降 30%以上。

**三、SMT 工艺简介**

SMT 有两种基本方式，主要取决于焊接方式。

**1. 采用波峰焊（见图 7-4）**

此种方式适合大批量生产。对贴片精度要求高，生产过程自动化程度要求也很高。

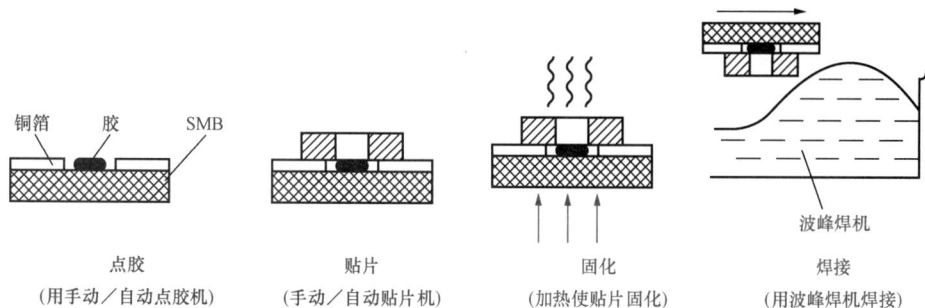

铜箔　胶　SMB

点胶
（用手动／自动点胶机）

贴片
（手动／自动贴片机）

固化
（加热使贴片固化）

波峰焊机

焊接
（用波峰焊机焊接）

图 7-4　SMT 工艺（一）

2. 采用再流焊（见图 7-5）

这种方法较为灵活，视配置设备的自动化程度，既可用于中小批量生产，又可用于大批量生产。

混合安装方法，则需根据产品实际将上述两种方法交替使用。

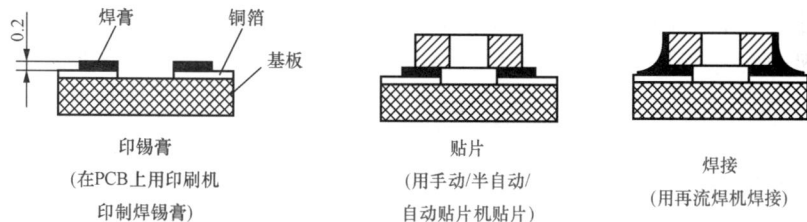

0.2　焊膏　铜箔　基板

印锡膏
（在PCB上用印刷机
印制焊锡膏）

贴片
（用手动/半自动/
自动贴片机贴片）

焊接
（用再流焊机焊接）

图 7-5　SMT 工艺（二）

## 第2节　SMT 元器件及设备

### 一、表面贴装元器件 SMD（surface mounting devices）

SMT 元器件由于安装方式的不同，与 THT 元器件主要区别在于外形封装。此外，由于 SMT 重点在减小体积，故 SMT 元器件以小功率元器件为主。又因为大部分 SMT 元器件为片式，故通常又称片状元器件或表贴元器件，一般简称 SMD。

1. 片状阻容元件

表贴元件包括表贴电阻、电位器、电容、电感、开关、连接器等。使用最广泛的是片状电阻和电容。

片状电阻电容的类型、尺寸、温度特性、电阻电容值、允差等，目前还没有统一标准，各生产厂商表示的方法也不同。目前我国市场上片状电阻电容以公制代码表示外型尺寸。

（1）片状电阻。表 7-2 列出的是常用片状电阻尺寸等主要参数。

（2）片状电容。

1）片状电容主要是陶瓷叠片独石结构，其外型代码与片状电阻含义相同，主要有：1005/*0402，1608/*0603，2012/*0805，3216/*1206，3225/*1210，4532/*1812，5664/*2225等。

2）片状电容元件厚度为 0.9～4.0mm。

表 7 - 2                                                        常用片状电阻主要参数

| 参数 \ 代码 | 1608 * 0603 | 2012 * 0805 | 3216 * 1206 | 3225 * 1210 | 5025 * 2010 | 6332 * 2512 |
|---|---|---|---|---|---|---|
| 外形 长×宽 （mm×mm） | 1.6×0.8 | 2.0×1.25 | 3.2×1.6 | 3.2 ×2.5 | 5.0 ×2.5 | 6.3 ×3.2 |
| 功率（W） | 1/16 | 1/10 | 1/8 | 1/4 | 1/2 | 1 |
| 电压（V） | | 100 | 200 | 200 | 200 | 200 |

\* 英制代号 zs3fm。

注　1. 片状电阻厚度为 0.4～0.6mm。

　　2. 最新片状元件为 1005（0402），0603（0201），目前应用较少。

　　3. 电阻值采用数码法直接标在元件上，阻值小于 10Ω 用 R 代替小数点，例如 8R2 表示 8.2Ω，0R 为跨接片，电流容量不超过 2A。

3）片状陶瓷电容依所用陶瓷不同分为三种，其代号及特性分别为：

NPO：Ⅰ类陶瓷，性能稳定，损耗小，用于高频高稳定场合。

X7R：Ⅱ类陶瓷，性能较稳定，用于要求较高的中低频的场合。

Y5V：Ⅲ类低频陶瓷，比容大，稳定性差，用于容量、损耗要求不高的场合。

4）片状陶瓷电容的电容值也采用数码法表示，但不印在元件上。其他参数如偏差、耐压值等表示方法与普通电容相同。

2．表面贴装器件

表面贴装器件包括表面贴装分立器件（二极管、三极管、FET/晶闸管等）和集成电路两大类。

（1）表面贴装分立器件。除部分二极管采用无引线圆柱外型，主要外形封装为小外形封装 SOP（Small Out Line Package）型和 TO 型。此外还有 SC-70（2.0×1.25）、SO-8（5.0×4.4）等封装。

（2）表面贴装集成电路。常用 SOP 和四列扁平封装 QFP（Quad Flat Package）封装。如图 7 - 6 和图 7 - 7 所示，这种封装属于有引线封装。

图 7 - 6　SOP 封装（16 条引线节距 1.27）

SMD 集成电路一种称为 BGA 的封装应用日益广泛，主要用于引线多、要求微型化的电路，图 7 - 8 是一个 BGA 的电路示例。

图 7 - 7　QFP 封装（100 条引线节距 0.65）

图 7 - 8　BGA 封装

二、印制板 SMB（surface mounting Board）

1．SMB 的特殊要求

（1）外观要求光滑平整，不能有翘曲或高低不平。

（2）热胀系数小，导热系数高，耐热性好。

（3）铜箔粘合牢固，抗弯强度大。

（4）基板介电常数小，绝缘电阻高。

2. 焊盘设计

片状元器件焊盘形状对焊点强度和可靠性关系重大，如图7-9所示。

大部分SMC和SMD在CAD软件中都有对应焊盘图形，只要正确选择，可满足一般设计要求。

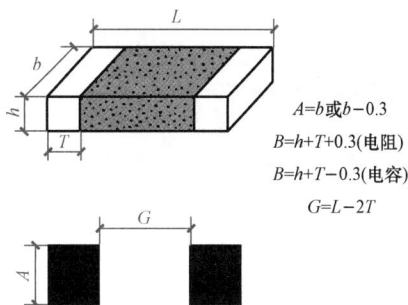

$A=b$或$b-0.3$

$B=h+T+0.3$(电阻)

$B=h+T-0.3$(电容)

$G=L-2T$

图7-9　片状元件焊盘

三、小型SMT设备

1. PCB制板工艺流程及各个过程及使用的设备（见表7-3）

表7-3　　　　　　　　　　PCB制板工艺程序及贴片中使用的设备

| 贴片工艺程序 | 点焊锡/丝印 | 贴片 | 焊接 | 目检 | 返修 |
|---|---|---|---|---|---|
| 贴片过程中使用的设备 | 手动点胶机/手动丝印机 | 手动贴片器 | 回流焊炉 | 放大镜 | 热风返修系统 |

工艺目的如下：

（1）点焊锡：通过点胶机将所有的焊盘上分配上焊锡膏。

（2）丝印：通过丝印机和模板配合使用，将PCB的所有贴片焊盘上，漏印上焊锡膏。

（3）贴片：利用贴片机或是手动的贴片工具将所有的元器件一一对应的贴放在焊盘上。

（4）焊接：利用回流焊将焊锡膏升温、熔化、冷却，使元器件与焊盘之间形成良好的电气连接。

（5）目检：通过放大台灯或者显微镜来观察和检测焊接缺陷。

（6）返修：通过返修工具对有焊接缺陷和不良焊接的元器件进行返修。

2. 小型SMT设备

（1）焊膏印制。焊膏印刷机（手动丝印机）如图7-10所示。

本设备是一种适合于中小批量SMT生产线的手动印刷机。采用丝网/金属漏板作为印刷模板，把焊膏或其他浆料精确地印刷到电路板的焊盘上。

图7-10　焊膏印刷机

· 最大有效印刷面积：430mm×350mm。

· 框架X方向最大可调距离：20mm。

· 工作台Y方向最大可调距离：80mm。

· 框架Q方向调节范围：±8。

· 框架与工作台之间可调距离0～10mm。

· 外形尺寸：530mm×360mm。

· 操作方式：手动。

· 最大印制尺寸：320mm×280mm。

图 7-11 点胶机

吸取，如图 7-12 和图 7-13 所示。

• 技术关键：①定位精度；②模板制造。

（2）点胶机（见图 7-11）。操作使用简便，手动点胶机通过①针筒压力；②滴胶时间；③针孔大小来控制滴出胶体大小，此三种因素经调定后，经过脚踏开关触发就会滴出均等的数量胶体（相差不超过 0.1%）。

（3）贴片。手工贴片分为：镊子拾取安放和真空吸取

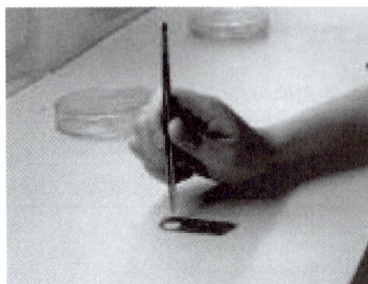

图 7-12 镊子拾取安装

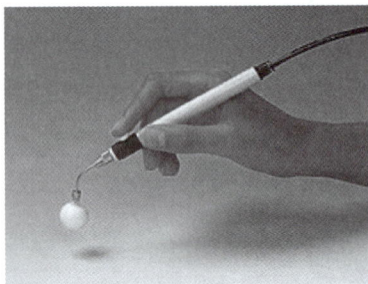

图 7-13 真空吸笔

真空贴片器简单介绍如下：

1）真空贴片器简介（见图 7-14）。

a）贴装性能：真空贴片器配合不同的吸嘴，能拾起各类不同的 SMD 元件，如 Mini、MicroMelfs、SOIC、PLCC 和高精度器件芯片 QFP，在拾放元件时，可以手动控制。

b）贴片速度：标准 600～1000 粒/h。

c）PCB 板最大尺寸：不限。

d）工作面积：不限。

e）送料器。

2）功能。

a）贴装多种 SMD 器件：片状电阻、片状电容、片状二极管、三极管、QFB、PLCC、BGA 等。

b）基本系统装有散装料盒，可贴装多种 SMD 器件，同时也可配带式送料器，以贴装编带的 SMD 器件。

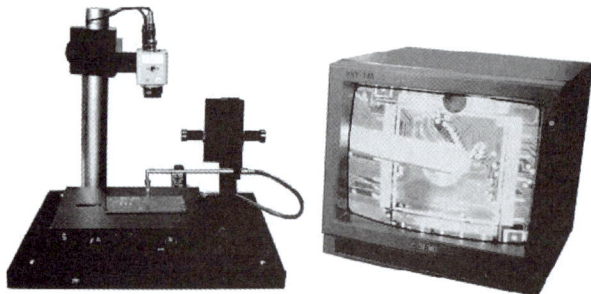

图 7-14 真空贴片器

c）吸嘴前后左右移动自如，以便拿取 SMD 器件。

d）系统可选配 CCD 摄像 CRT 图像放大显示，用于贴装高精度 SMD 器件，并可对焊接后的 PCB 板进行放大检查。

3）技术指标：

a）手动贴装：片式器件，SOT、SOIC、QFP、PLCC、BGA。

b）工作机头可进行 X 向（水平）、Y 向（垂直）移动。X 向可移动距离：500mm。Y 向可移动距离：400mm。

c）工作机头吸嘴可进行上下移动和转动，以吸取或释放器件。吸嘴上下移动距离：10mm，转动角度 360°。

d）工作机头可进行旋转，以便调整 SMD 器件。

e）可贴装 PCB 板面积：370mm×300mm。

f）散装料盘可装多种器材。

g）工作时机头吸取 SMD 器件，对准元件焊盘后自动释放 SMD 器件于 PCB 板上。

h）CCD 摄像，CRT 图像实时放大显示 SMD 器件及 PCB 板上焊点。

i）放大倍数为 10 倍，CCD 为黑白 570 线，低照度，CRT 为黑白监视器 1000 线。

j）工作电压 220V AC。

（4）再流焊设备（见图 7 - 15）。

1）功能：

a）实现静止状态下的焊接工作，可贴装最窄间距表贴元器件。

b）可完成双面板组装。

c）具有返修功能。

d）推拉抽屉式工作台，运动平稳，操作简单。

e）采用模糊控制技术，实现温度动态曲线显示。

f）满足国际贴装技术要求。

g）全自动表面贴装，设备操作简便可靠，功耗低。

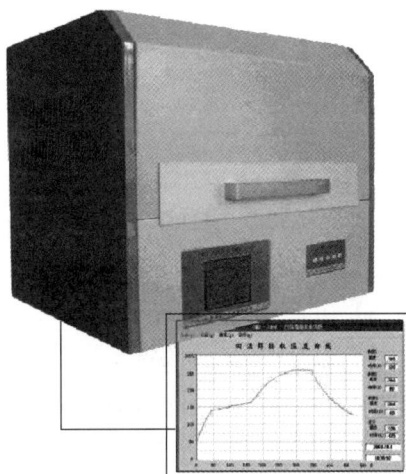

图 7 - 15　再流焊机

2）技术指标：

a）工作电压：220V AC。

b）功　率：3.5kW。

c）工作台面：最大尺寸 400×350×30（mm）。

d）外形尺寸：长×宽×高 600×450×500（mm）。

3）操作说明

a）设置：按下设置键，液晶屏进入设置状态。

液晶屏内容如下：

165℃　150s

220℃　40s

数字反显时，每按△键数字加 1。每按▽键数字减 1。每按设置键，数字跳到下一位。完成设置后，按确定结束设置。同时本数值保存，下次开机，如不需设置可直接工作。

b）工作台进出。轻拉工作台，将已贴好芯片的 PCB 放入工作台内后，将工作台推入加温区。焊接过程结束后，拉出工作台将 PCB 取出，并将新的 PCB 放入。

c）焊接工作。当元件线路板进入工作区后，按加热键，焊接机开始按设置要求进行焊接工作。同时，液晶屏动态显示温度曲线。当蜂鸣器响声结束时，表示焊接过程完成，可将工作台拉出。

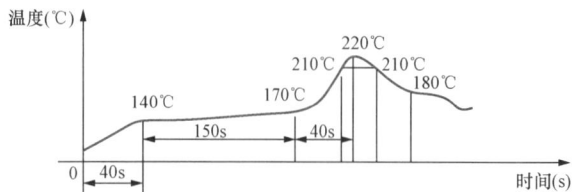

图 7 - 16 再流焊工艺曲线

d）加热方式：远红外＋强制热风。

e）工作模式：工艺曲线灵活设置，工作过程自动，工艺曲线如图 7 - 16 所示。

f）标准工艺周期：约 4min。

## 第 3 节 SMT 焊接质量检查

### 一、检查维修工具

1. 放大镜

放大倍率可达 5～10 倍，可清楚地对电路板的焊接进行检测，如图 7 - 17 所示。

2. 热风拆焊台

（1）功能：可处理一般的 SMC、SMD 及 BGA 等 IC，如图 7 - 18 所示。

（2）功率：270～300W。

图 7 - 17 放大镜

图 7 - 18 热风拆焊台

### 二、焊接质量检查

1. SMT 典型焊点

SMT 焊接质量要求同 THT 基本相同，要求焊点的焊料的连接面呈半弓形凹面，焊料与焊件交界处平滑，接触角尽可能小，无裂纹、针孔、夹渣，表面有光泽且平滑。由于 SMT 元器件尺寸小，安装精度和密度高，焊接质量要求更高。另外还有一些特有缺陷，如立片（又叫曼哈顿）。图 7 - 19 和图 7 - 20 分别是两种典型的焊点。

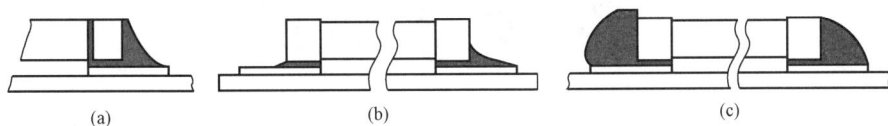

图 7-19　矩形贴片焊点形状

（a）标准形状；（b）焊料不足；（c）焊料过多

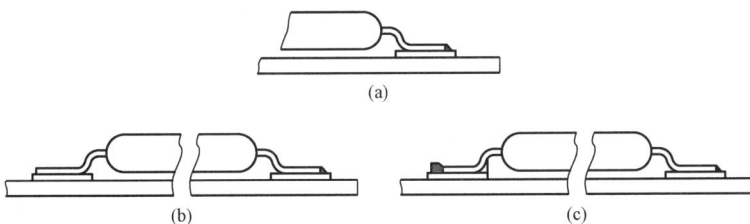

图 7-20　IC 贴片焊点形状

（a）标准形状；（b）焊料合适，润湿超过贴片高度 1/4；（c）焊料最大允许程度

## 2. 常见 SMT 焊接缺陷

几种常见 SMT 焊接缺陷如图 7-21 所示，采用再流焊工艺时，焊盘设计和焊膏印制对控制焊接质量起关键作用。例如立片主要是两个焊盘上焊膏不均，一边焊膏太少甚至漏印而造成的。

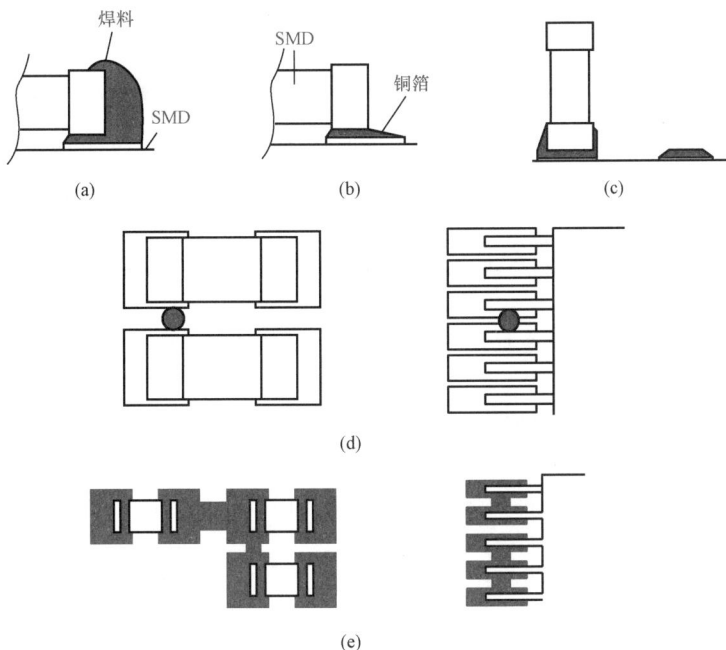

图 7-21　常见 SMT 焊接缺陷

（a）焊料过多；（b）漏焊（未润湿）；（c）立片（又称"墓碑现象"、"曼哈顿"）；

（d）焊球现象；（e）桥接

# 第8章

# 焊接基本技术

## 第1节　焊接的基本知识

　　焊接是电子产品装配过程中的一个重要步骤，每一个焊接点的质量都关系着整个电子产品的质量，它要求每一个焊接点都有一定的机械强度和良好的电器性能，所以它是保证产品质量的关键环节。

　　焊接是将加热熔化的液态锡铅焊料，在助焊剂的作用下，使被焊接物和印制板上的铜箔连接在一起，成为牢固的焊点。要完成一个良好的焊点主要取决于以下几点：

　　（1）被焊的金属材料应具有良好的可焊性。铜的导电性能良好且易于焊接，所以常用铜制作元件的引脚、导线及印制板上的接点。

　　（2）被焊的金属表面要保证清洁。在被焊的金属表面上一旦生成氧化物或有污垢，就会严重阻碍焊点的形成。

　　（3）使用合适的助焊剂。助焊剂是一种略带酸性的易熔物质，它在焊接过程中起清除被焊金属表面上的氧化物和污垢的作用。

　　（4）焊接过程要有一定的时间和温度。焊接时间一般不要超过3s，时间过长则易损坏被焊元件，但时间过短，则容易形成虚焊和假焊。

　　焊点的质量检查标准可从焊点外观和焊点的机械强度与电气性能等方面进行检查，主要看焊点的光亮度、被焊接处用锡量的多少、焊点的形状有无毛刺、气泡，焊点有无虚焊，有无两个焊点桥连等。

## 第2节　焊接工具的使用

　　电烙铁是最常用的手工焊接工具之一，被广泛用于各种电子产品的生产与维修。

### 一、电烙铁的种类

　　常见的电烙铁有内热式、外热式、恒温式、吸锡式等形式。

　　1. 内热式电烙铁

　　内热式电烙铁主要由发热元件、烙铁头、连接杆以及手柄等组成，它具有发热快、体积小、重量轻、效率高等特点，因而得到普遍应用。

　　常用的内热式电烙铁的规格有20、35、50W等，20W烙铁头的温度可达350℃左右。电烙铁的功率越大，烙铁头的温度就越高。焊接集成电路、一般小型元器件选用20W内热式电烙铁即可。使用的电烙铁功率过大，容易烫坏元件（二极管和三极管等半导体元器件当温度超过200℃就会烧毁）和使印制板上的铜箔线脱落；电烙铁的功率太小，不能使被焊接物充分加热而导致焊点不光滑、不牢固，易产生虚焊。

　　2. 外热式电烙铁

　　外热式电烙铁由烙铁心、烙铁头、手柄等组成。烙铁心由电热丝绕在薄云母片和绝缘筒上制成。

外热式电烙铁常用的规格有 25、45、75、100W 等，当被焊接物较大时常使用外热式电烙铁。它的烙铁头可以被加工成各种形状以适应不同焊接面的需要。

### 3. 恒温式电烙铁

恒温式电烙铁是用电烙铁内部的磁控开关来控制烙铁的加热电路，使烙铁头保持恒温。磁控开关的软磁铁被加热到一定的温度时，便失去磁性，使触点断开，切断电源。恒温式电烙铁也有用热敏元件来测温以控制加热电路使烙铁头保持恒温的。

### 4. 吸锡式烙铁

吸锡式烙铁是拆除焊件的专用工具，可将焊接点上的焊锡吸除，使元件的引脚与焊盘分离。操作时，先将烙铁加热，再将烙铁头放到焊点上，待熔化焊接点上的焊锡后，按动吸锡开关，即可将焊点上的焊锡吸掉，有时这个步骤要进行几次才行。

### 二、电烙铁的使用

#### 1. 安全检查

使用前先用万用表检查烙铁的电源线有无短路和开路，烙铁是否漏电。电源线的装接是否牢固，螺丝是否松动，在手柄上的电源线是否被螺丝顶紧，电源线的套管有无破损。

#### 2. 新烙铁头的处理

新买的烙铁一般不能直接使用，要先将烙铁头进行"上锡"后方能使用。"上锡"的具体操作方法是：用锉刀将烙铁头上的氧化层锉掉，将电烙铁通电加热，当烙铁头能熔化焊锡时，在其表面熔化带有松香的焊锡，直至烙铁头表面薄薄地镀上一层锡为止。

#### 3. 使用注意事项

旋转烙铁柄盖时不可使电线随着柄盖扭转，以免将电源线接头部位造成短路。烙铁在使用过程中不要敲击，烙铁头上过多的焊锡不得随意乱甩，要在松香或软布上擦除。烙铁在使用一段时间后，应当将烙铁头取出，除去外表氧化层，取烙铁头时切勿用力扭动，以免损坏烙铁心。

### 三、其他焊接工具

#### 1. 尖嘴钳

它的主要作用是在连接点上夹持导线、元件引线和对元件引脚成型。使用时要注意：不允许用尖嘴钳装卸螺母、夹较粗的硬金属导线及其他硬物。尖嘴钳的塑料手柄破损后严禁带电操作。尖嘴钳头部是经过淬火处理的，不要在锡锅或高温地方使用。

#### 2. 偏口钳

又称斜口钳、剪线钳。主要用于切断导线，剪掉元器件过长的引线。不要用偏口钳剪切螺钉和较粗的钢丝，以免损坏钳口。

#### 3. 镊子

主要用途是摄取微小器件，在焊接时夹持被焊件以防止其移动和帮助散热。有的元件引脚上套的塑料管在焊接时会遇热收缩，也可用镊子将套管向外推动使之恢复到原来位置。它还可用来在装配件上网绕较细的线材，以及用来夹持蘸有汽油或酒精的小团棉纱以清洗焊点上的污物。

#### 4. 旋具

又称改锥或螺丝刀。分为十字旋具和一字旋具。主要用于拧动螺钉及调整元器件的可调部分。

## 5. 小刀

主要用来刮去导线和元件引线上的绝缘物和氧化物，使之易于上锡。

# 第3节 焊料和焊剂

## 一、焊料

焊料是指易熔金属及其合金，它能使元器件引线与印制电路板的连接点连接在一起。焊料的选择对焊接质量有很大的影响。在锡（Sn）中加入一定比例的铅（Pb）和少量其他金属可制成熔点低、抗腐蚀性好、对元件和导线的附着力强、机械强度高、导电性好、不易氧化、抗腐蚀性好、焊点光亮美观的焊料，故焊料常称做焊锡。

### 1. 焊锡的种类及选用

焊锡按其组成的成分可分为锡铅焊料、银焊料、铜焊料等，熔点在450℃以上的称为硬焊料，450℃以下的称为软焊料。锡铅焊料的材料配比不同，性能也不同。常用的锡铅焊料及其用途见表8-1。

表8-1　　　　　　　　　　常用的锡铅焊料及其用途

| 名　称 | 牌号 | 熔点温度（℃） | 用　途 |
|---|---|---|---|
| 10♯锡铅焊料 | HlSnPb10 | 220 | 焊接食品器具及医疗方面物品 |
| 39♯锡铅焊料 | HlSnPb39 | 183 | 焊接电子电气制品 |
| 50♯锡铅焊料 | HlSnPb50 | 210 | 焊接计算机、散热器、黄铜制品 |
| 58-2♯锡铅焊料 | HlSnPb58-2 | 235 | 焊接工业及物理仪表 |
| 68-2♯锡铅焊料 | HlSnPb68-2 | 256 | 焊接电缆铅护套、铅管等 |
| 80-2♯锡铅焊料 | HlSnPb80-2 | 277 | 焊接油壶、容器、大散热器等 |
| 90-6♯锡铅焊料 | HlSnPb90-6 | 265 | 焊接铜件 |
| 73-2♯锡铅焊料 | HlSnPb73-2 | 265 | 焊接铅管件 |

市场上出售的焊锡，由于生产厂家不同，配制比有很大的差别，但熔点基本为140～180℃。在电子产品的焊接中一般采用Sn62.7％＋Pb37.3％配比的焊料，其优点是熔点低、结晶时间短、流动性好、机械强度高。

### 2. 焊锡的形状

常用的焊锡有五种形状：①块状（符号：I）；②棒状（符号：B）；③带状（符号：R）；④丝状（符号：W），焊锡丝的直径有0.5、0.8、0.9、1.0、1.2、1.5、2.0、2.3、2.5、3.0、4.0、5.0mm等；⑤粉末状（符号：P）。

块状及棒状焊锡用于浸焊、波峰焊等自动焊接机。丝状焊锡主要用于手工焊接。

## 二、焊剂

根据焊剂的作用不同可分为助焊剂和阻焊剂两大类。

### 1. 助焊剂

在锡铅焊接中助焊剂是一种不可缺少的材料，它有助于清洁被焊面，防止焊面氧化，增加焊料的流动型，使焊点易于成型。常用助焊剂分为：无机助焊剂、有机助焊剂和树脂助焊剂。焊料中常用的助焊剂是松香，在较高的要求场合下使用新型助焊剂——氧化松香。

（1）对焊接中的助焊剂要求。

1）常温下必须稳定，其熔点要低于焊料，在焊接过程中焊剂要具有较高的活化性、较低的表面张力，受热后能迅速而均匀地流动。

2）不产生有刺激性的气体和有害气体，不导电，无腐蚀性，残留物无副作用，施焊后的残留物易于清洗。

（2）使用助焊剂时应注意：当助焊剂存放时间过长时，会使助焊剂活性变坏而不宜于适用。常用的松香助焊剂在温度超过 60℃时，绝缘性会下降，焊接后的残渣对发热元件有较大的危害，故在焊接后要清除助焊剂残留物。

（3）几种助焊剂简介。

1）松香酒精助焊剂：这种助焊剂是将松香融于酒精之中，重量比为 1∶3。

2）消光助焊剂：这种助焊剂具有一定的浸润性，可使焊点丰满，防止搭焊、拉尖，还具有较好的消光作用。

3）中性助焊剂：这种助焊剂适用于锡铅料对镍及镍合金、铜及铜合金、银和白金等的焊接。

4）波峰焊防氧化剂：它具有较高的稳定性和还原能力，在常温下呈固态，在 80℃以上呈液态。

**2. 阻焊剂**

阻焊剂是一种耐高温的涂料，可使焊接只在所需要焊接的焊点上进行，而将不需要焊接的部分保护起来。以防止焊接过程中的桥连，减少返修，节约焊料，使焊接时印制板受到的热冲击小，板面不易起泡和分层。阻焊剂的种类有热固化型阻焊剂、光敏阻焊剂及电子束辐射固化型等几种，目前常用的是光敏阻焊剂。

## 第4节　焊　接　方　法

**一、手工焊接技术**

**1. 焊接的手法**

（1）焊锡丝的拿法。经常使用烙铁进行锡焊的人，一般把成卷的焊锡丝拉直，然后截成一尺长左右的一段。在连续进行焊接时，锡丝的拿法应用左手的拇指、食指和小指夹住锡丝，用另外两个手指配合就能把锡丝连续向前送进。若不是连续焊接，锡丝的拿法也可采用其他形式。

（2）电烙铁的握法。根据电烙铁的大小、形状和被焊件要求的不同，电烙铁的握法一般有三种形式：正握法、反握法和握笔法。握笔法适合于使用小功率的电烙铁和进行热容量小的被焊件的焊接。

**2. 手工焊接的基本步骤**

手工焊接时，常采用以下五步操作法。

（1）准备。首先把被焊件、锡丝和烙铁准备好，处于随时可焊的状态。

（2）加热被焊件。把烙铁头放在接线端子和引线上进行加热。

（3）放上焊锡丝。被焊件经加热达到一定温度后，立即将手中的锡丝触到被焊件上使之熔化适量的焊料。注意焊锡应加到被焊件上与烙铁头对称的一侧，而不是直接加到烙铁头上。

（4）移开焊锡丝。当锡丝熔化一定量后（焊料不能太多），迅速移开锡丝。

（5）移开电烙铁。当焊料的扩散范围达到要求后移开电烙铁。撤离烙铁的方向和速度的快慢与焊接质量密切有关，操作时应特别留心仔细体会。

**3. 焊接注意事项**

在焊接过程中除应严格按照以上步骤操作外，还应特别注意以下几个方面：

（1）烙铁的温度要适当。可将烙铁头去蘸松香去检验，烙铁头上松香的烟持续 3、4s 温度合适，不足 2s 烙铁头过热，持续 6s 以上温度不足。

（2）焊接的时间要适当。从加热焊料到焊料熔化并流满焊接点，一般应在 3s 之内完成。若时间过长，助焊剂完全挥发，就失去了助焊的作用，会造成焊点表面粗糙，且易使焊点氧化。但焊接时间也不宜过短，时间过短则达不到焊接所需的温度，焊料不能充分融化，易造成虚焊。

（3）焊料与焊剂的使用要适量。若使用焊料过多，则多余的会流入管座的底部，降低管脚之间的绝缘性；若使用的焊剂过多，则易在管脚周围形成绝缘层，造成管脚与管座之间的接触不良。反之，焊料和焊剂过少易造成虚焊。

（4）焊接过程中不要触动焊接点。在焊接点上的焊料未完全冷却凝固时，不应移动被焊元件及导线，否则焊点易变形，也可能造成虚焊现象。焊接过程中也要注意不要烫伤周围的元器件及导线。

**二、工业焊接技术简介**

电子产品的工业焊接技术主要是指大批量生产的自动焊接技术，如浸焊、波峰焊、软焊等。这些焊接一般是用自动焊接机完成焊接，而不是用手工操作。

**1. 浸焊与浸焊设备**

浸焊是将安装好元器件的印制电路板，在装有已熔化焊锡的锡锅内浸一下，一次即可完成印制板上全部元件的焊接方法。此法有人工浸焊和机器浸焊两种方法，常用的是机器浸焊。浸焊可提高生产率，消除漏焊。

浸焊设备包括普通浸焊设备和超声波浸焊设备两种，普通浸焊设备又可分为人工浸焊设备和机器浸焊设备两种。人工浸焊设备由锡锅、加热器和夹具等组成；机器浸焊设备由锡锅、振动头、传动装置、加热电炉等组成。超声波浸焊设备由超声波发生器、换能器、水箱、换料槽、加温设备等几部分组成，适用于一般锡锅较难焊接的元器件，利用超声波增加焊锡的渗透性。

**2. 波峰焊与波峰焊机**

（1）波峰焊接的基础知识。波峰焊接是让安装好元件的印制电路板与熔融焊料的波峰相接触，以实现焊接的一种方法。这种方法适于工业大批量焊接，焊接质量好，如与自动插件机器配合，可实现半自动化生产。

（2）波峰焊接的流水工艺（见图 8-1）。工艺过程为：将印制板（插好元件的）装上夹具→喷涂助焊剂→预热→波峰焊接→冷却→切除焊点上的元件引线头→残脚处理→出线。

印制板的预热温度为 60～80℃，波峰焊的温度为 240～245℃，并要求锡峰高于铜箔面 1.5～2mm，焊接时间为 3s 左右。切头工艺是用切头机对元器件焊点上的引线加以切除，残脚处理是用清除器的毛刷对焊点上残留的多余焊锡进行清除，最后通过自动卸板机把印制电路板送往硬件装配线。

（3）波峰焊机简介。波峰焊接机在构造上有圆周型和直线型两种，二者构造都是由涂助焊剂装置、预热装置、焊料槽、冷却风扇和传动机构等组成。

上接
插焊台 → 波峰焊与插件台接口(接口为自动控制器) → 泡沫助焊剂发生器 → 预热器 → 波峰焊锡缸 → 强风冷却 → 切头机 → 清除器 → 自动卸板机 → 至补焊及硬件装配线

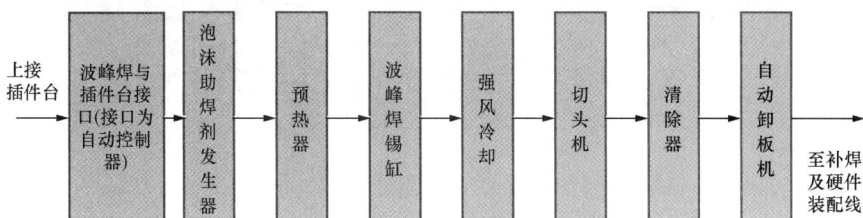

图 8-1　波峰焊接流水工艺

工作过程：将已插好元器件的印制板放在能控制速度的传送导轨上，导轨下面有温度能自动控制的熔锡缸，锡缸内装有机械泵和具有特殊结构的喷口。机械泵根据要求不断压出平稳的液态锡波，焊锡以波峰的形式源源不断地溢出，进行波峰焊接。

### 三、拆焊

在电子产品的焊接和维修过程中，经常需要拆换已焊好的元器件，这即为拆焊，也叫解焊。在实际操作中拆焊比焊接要困难得多，若拆焊不得法，很容易损坏元件或电路板上的焊盘及焊点。

（1）拆焊的适用范围。误装误接的元器件和导线；在维修或检修过程中需更换的元器件；在调试结束后需拆除临时安装的元器件或导线等。

（2）拆焊的原则与要求。不能损坏需拆除的元器件及导线；拆焊时不可损坏焊点和印制板；在拆焊过程中不要乱拆和移动其他元器件，若确实需要移动其他元件，在拆焊结束后应做好复原工作。

（3）拆焊所用的工具。

1）一般工具。拆焊可用一般电烙铁来进行，烙铁头不需要蘸锡，用烙铁使焊点的焊锡熔化时迅速用镊子拔下元件引脚，再对原焊点进行清理，使焊盘孔露出，以便安装元件用。用一般电烙铁拆焊时可配合其他辅助工具来进行，如：吸锡器、排焊管、划针等。

2）专用工具。拆焊的专用工具是带有一个吸锡器的吸锡电烙铁。拆焊时先用它加热焊点，当焊点熔化时按下吸锡开关，焊锡就会被吸入烙铁内的吸管内。此过程往往要进行几次，才能将焊点的焊锡吸干净。专用工具适用于集成电路、中频变压器等多引脚元件的拆焊。

3）在业余条件下，也可使用多股细铜线（如用做电源线的软导线），将其沾上松香水，然后用烙铁将其压在焊点上使其吸附焊锡，将吸足焊锡的导线夹掉，再重复以上工作也可将多引脚元件拆下。

（4）拆焊的操作要求。

1）严格控制加热的时间和温度。因拆焊过程较麻烦，需加热的时间较长，元件的温度比焊接时要高，所以要严格掌握好这一尺度，以免烫坏元器件或焊盘。

2）仔细掌握用力尺度。因元器件的引脚封装都不是非常坚固的，拆焊时一定要注意用力的大小，不可过分用力拉扯元器件，以免损坏焊盘或元器件。

# 第 9 章

# 超外差式六管调幅收音机（H950型）装配指导

学习电子技术往往是从收音机的装配开始的，这不仅是因为收音机的装配制作过程充满了趣味性，同时还因为在一台完整的收音机中几乎包含了各种基本的单元电路，如变频（混频）、振荡、中频调谐放大、检波、低频电压放大和功率放大等，通过收音机的装配可以比较全面地学习电子技术。一台标准的收音机电路通常是以超外差方式工作的，不仅仅收音机，其他各种接收机如电视机和遥控遥测装置等也大多采用超外差工作方式，装好超外差式收音机对我们进一步学习其他更复杂的电子装置是大有好处的。

## 第 1 节　超外差式收音机的工作原理

超外差式收音机的方框图如图9-1所示。

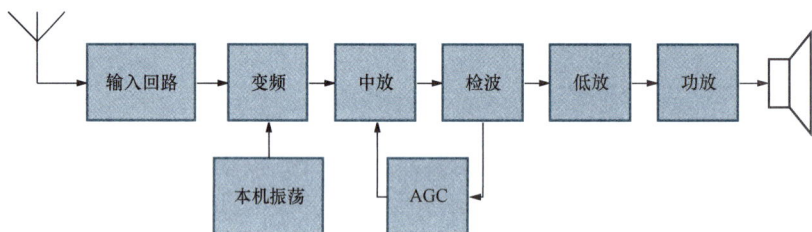

图9-1　超外差式收音机方框图

1. 输入回路

从天线接收进来的高频信号首先进入输入调谐回路。输入回路的任务是：

（1）通过天线收集电磁波，使之变为高频电流。

（2）选择信号。在众多的信号中，只有载波频率与输入调谐回路相同的信号才能进入收音机。

2. 变频和本机振荡级

从输入回路送来的调幅信号和本机振荡器产生的等幅信号一起送到变频级，经过变频级产生一个新的频率，这一新的频率恰好是输入信号频率和本振信号频率的差值，称为差频。例如，输入信号的频率是535kHz，本振频率是1000kHz，那么它们的差频就是$1000-535=465$（kHz）；当输入信号是1605kHz时，本机振荡频率也跟着升高，变成2070kHz。也就是说，在超外差式收音机中，本机振荡的频率始终要比输入信号的频率高一个465kHz。这个在变频过程中新产生的差频比原来输入信号的频率要低，比音频却要高得多，因此我们把它叫做中频。不论原来输入信号的频率是多少，经过变频以后都变成一个固定的中频，然后再送到中频放大器继续放大，这是超外差式收音机的一个重要特点。以上三种频率之间的关系可以用下式表达

本机振荡频率－输入信号频率＝中频

### 3. 中频放大级

由于中频信号的频率固定不变而且比高频略低（我国规定调幅收音机的中频为 465kHz），所以它比高频信号更容易调谐和放大。通常，中放级包括 1～2 级放大及 2～3 级调谐回路，这与直放式收音机相比，超外差式收音机的灵敏度和选择性都提高了许多。可以说，超外差式收音机的灵敏度和选择性在很大程度上就取决于中放级性能的好坏。

### 4. 检波与 AGC 电路

经过中放后，中频信号进入检波级，检波级也要完成两个任务：一是在尽可能减小失真的前提下把中频调幅信号还原成音频。二是将检波后的直流分量送回到中放级，控制中放级的增益（即放大量），使该级不致发生削波失真，通常称为自动增益控制电路，简称 AGC 电路。

### 5. 低频前置放大级，也称电压放大级

从检波级输出的音频信号很小，大约只有几毫伏到几十毫伏。电压放大的任务就是将它放大几十至几百倍。

### 6. 功率放大级

电压放大级的输出虽然可以达到几伏，但是它的带负载能力还很差，这是因为它的内阻比较大，只能输出不到 1mA 的电流，所以还要再经过功率放大才能推动扬声器还原成声音。一般，袖珍收音机的输出功率为 50～100mW。

## 第 2 节　超外差式六管收音机的组装

以下介绍 H950 型六管超外差式收音机，其整机电原理图如图 9 - 2 所示。T1 是磁性天线线圈，它的一次绕组与可变电容 $C_{01}$（电容量较大的一组）组成串联谐振回路对输入信号进行选择。转动 $C_{01}$ 使输入调谐回路的自然谐振频率刚好与某一电台的载波频率相同，这时，该电台在磁性天线中感应的信号电压最强。该信号由 T1 的二次侧耦合到 VT1 的基极；同时，VT1 还和振荡线圈 T2、双连的振荡连 $C_{02}$（电容量较少的一组）等元件接成变压器耦合式自激振荡电路，叫做本机振荡器。$C_{02}$ 与 $C_{01}$ 同步调谐，所以本振信号总是比输入信号高 465kHz，即中频信号。本振信号通过 $C_2$ 加到 VT1 的发射极，它和输入信号一起经 VT1 变频后就产生了中频，中频信号从第一中周 T3 输出，再由二次侧耦合到中放管 VT2 的基极。VT2 对中频信号进行充分地放大后由第二中周 T4 耦合到检波管 VT3。VT3 构成三极管检波电路，这种电路不仅检波效率高，而且有较强的自动增益控制（AGC）作用，AGC 电压通过 $R_3$ 加到 VT2。当输入信号较强时，VT3 基极上得到的电压 $U_{b3}$ 也高，基极电流 $I_{b3}$ 也就较大，这个电流被 VT3 放大后就是集电极电流 $I_{c3}$，它是基极电流的 $\beta$ 倍。基极电流增加，集电极电流也随之增加，这时 $R_3$ 上的压降就较大，VT3 集电极电压 $U_{c3}$ 就比较低，那么 VT2 从 $R_3$ 取得的基极偏置电流 $I_{b2}$ 也就比较小，于是 VT3 的集电极工作电流降低，导致 VT2 的放大倍数降低，从而起到了自动控制增益的作用。其控制过程如下：

信号电压↑→$V_{b3}$↑→$I_{b3}$↑→$I_{c3}$↑→$V_{c3}$↓→$V_{b2}$↓→$I_{b2}$↓→$I_{c2}$↓→$\beta_2$↓→信号电压↓

中频信号经检波后从 VT3 的发射极输出送到电位器 $R_P$，旋转 $R_P$ 可以改变滑动抽头的位置，控制音量的大小。检波后的低频信号由 $R_P$ 送到前置低放管 VT4，经过低放可将信号电压放大几十到几百倍。低频信号经过前置放大后已经达到了一至几伏的电压，但是它的带负载能力还很差，不能直接推动扬声器，还需要进行功率放大。

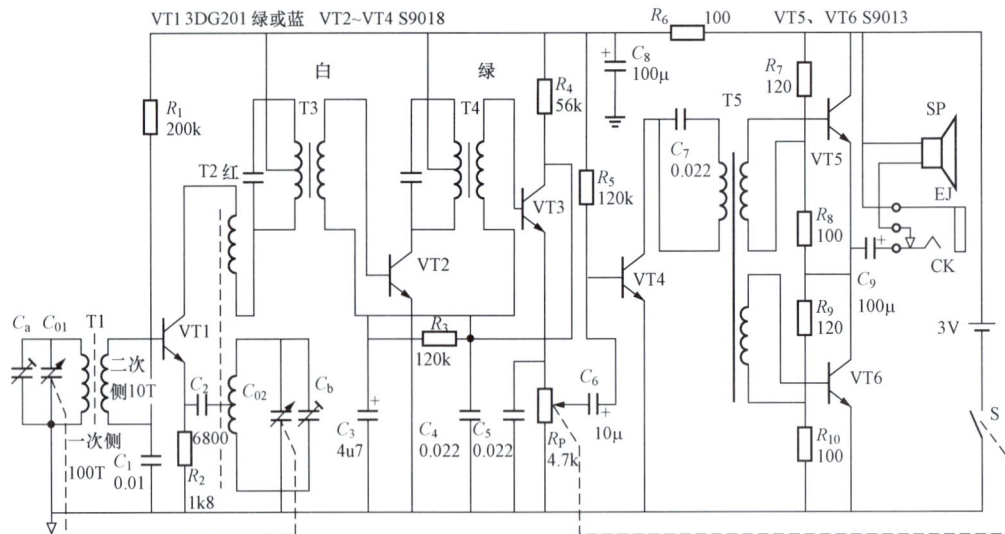

图 9-2　H950 型六管超外差式收音机整机原理图

功率放大不仅要输出较大的电压，而且还要能够输出较大的电流。本机采用变压器耦合、推挽式功率放大电路，这种电路阻抗匹配性能好，对推挽管的一些参数要求也比较低，而且在较低的工作电压下可以输出较大的功率。

设在信号的正半周 T4 一次侧的极性为上负下正，则二次侧的极性为上正下负，这时 VT5 导通而 VT6 截止，由 VT5 放大正半周信号；当信号为负半周时 T5 一次侧的极性为上正下负，则二次侧的极性为上负下正，于是 VT5 由导通变为截止，VT6 则由截止变为导通，负半周的信号由 VT6 来放大。这样，在信号的一个周期中 VT5 和 VT6 轮流导通和截止，这种工作方式就好像两人拉锯一样，一推一挽，故称为推挽式放大。放大后的两个半波再由 $C_9$ 送到扬声器发出声音。

## 第 3 节　外差式收音机的元器件

六管机的磁性天线比袖珍式直放式收音机略为大一点，采用 4mm×9.5mm×66mm 的中波扁磁棒，一次侧用 $\phi0.12$ 的漆包线绕 105T，二次侧用同号线绕 10T。天线线圈及磁棒如图 9-3 所示。

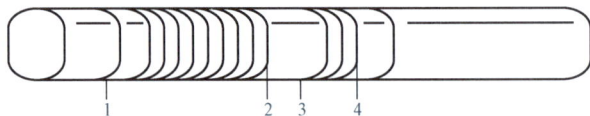

图 9-3　天线线圈及磁棒

1—漆包线；2——一次线圈；3—磁棒；4—二次线圈

中周是超外差式收音机的特有元件，六管机中使用中周为一套三只，通常，不同用途的中周依靠顶部磁帽的颜色来区分。T2 是中波本机振荡线圈，用红色标记。T3 为第一中周，用黄色或白色标记。T4 为第二中周，用黑色或绿色标记。T3、T4 的骨架底部有内藏的谐振电容。振荡线圈 T2 却没有这只电容，这是它和两只中周 T3、T4 的重要区别。

T5 是用来传输音频信号的输入变压器，用 5mm×14mm 的 E 型铁心绕制。有 6 根引出线（二次侧的两个绕组由 4 根线分开引出）。

$C_0$（$C_{01}$、$C_{02}$）是 CBM223 型差容双连，片数多的一组是输入连 $C_{01}$，电容量约 150pF；片数少的一组是振荡连 $C_{02}$，电容量约 80pF，每组都附有一个 3～15pF 微调电容。$C_3$、$C_6$、$C_8$、$C_9$ 均为电解电容，要求它们漏电小、容量足、质量好，耐压 6.3V 即可。$C_3$ 的容量为 0.47～4.7$\mu$F，$C_6$ 为 4.7～10$\mu$F 均可，$C_8 \geqslant 47\mu$F，$C_9 \geqslant 100\mu$F。其他无极性电容可用瓷介电容或涤纶电容，容量要求不很严格。误差在 20％以内就可以了。

电阻采用 1/8W 的四环或五环小型电阻。音量电位器 $R_P$ 为小型炭膜电位器。

晶体管 VT1～VT3 可采用 3DG201、9011 等高频小功率管，VT1 的 $\beta$ 值为 80 ～ 120，VT2、VT3 的 $\beta$ 值为 60～80；VT4 采用 3DG201 或 9014、9013 等低频小功率管，其 $\beta$ 值要求大于 100；VT5、VT6 采用 9013 或 8050 等 NPN 型三极管，两管要配对，要求 $\beta$ 值大于 100，两管 $\beta$ 值之间的误差不大于 5％。VT1～VT3 的 $\beta$ 值如果偏高，可能会引起自激啸叫，这时，可适当降低该管的工作点（集电极电流）即可。

## 第 4 节　六管外差机的安装和调试

图 9-4 是从印制电路板的背面（焊接面）看到的元件排列与印制电路走线图，上面标明了各个元件应该安装的孔位，初学者只需按照印制电路板上标示的符号将元件对号入座就行。在装配焊接的过程中应当特别细心，不可有虚焊、错焊、漏焊等错误发生。焊接前应首先用万用表对各个元件初测一遍，确认元件无损坏、无误认后方可往电路板上安装。装配焊接的顺序通常是先焊电阻、电容、二极管、三极管等小元件，再焊中周、双连及变压器等体积较大的元件，最后才装磁性天线、扬声器等。焊接时还应当注意元件的脚应留下适当的长度，元件离开底板的高度要恰当，不要相互妨碍，要注意美观，比如说，电阻和二极管要全部立式安装。

初学者比较容易发生的错误是：电阻色环认错，电解电容等有极性的元件焊反；晶体管的三只脚焊错；中周、振荡线圈弄混；输入变压器 T5 装反（T5 的塑料骨架上有凸点的一边为一次侧）；天线线圈的线头未经去漆就进行焊接等。也有的初学者在装配时元件脚留得过长，导致相邻的元件脚相碰而引起短路故障，元件安装高度过高致使盖上后盖时元件受挤压，管脚处的铜箔脱落断裂致使线路不通。

具体安装要点如下：

（1）天线支架夹在双联电容与电路板中间并用 2.5×4 的两个短螺钉固定，双联电容的引脚向内扣倒，引脚多余部分剪掉。

（2）变压器装在 T5 的位置，塑料的凸点在线路板角的一侧。

（3）红芯的振荡线圈与第一、二中频变压器（白芯和绿芯）的外壳的管脚一定要具有可焊性，没上锡的外壳管脚需打磨出铜箔再装。

（4）变压器、振荡线圈和中周的管脚焊接时间要短，防止损坏内部的塑料骨架。

（5）红芯的振荡线圈在 T2 的位置第一、二中频变压器（白芯、绿芯）分别装在 T3、T4 的位置，相互之间不可互换，外壳上的管脚向内扣倒并焊牢。

（6）电位器装在 W1 的位置，所有引脚向内扣倒。

（7）6 只三极管的引脚排列顺序为：三极管的平面向外，引脚向下，由左向右分别为 E、B、C 脚。板上的 BG1（或 VT1）的位置装 9018G，BG2～BG4（VT2～VT4）的位置装

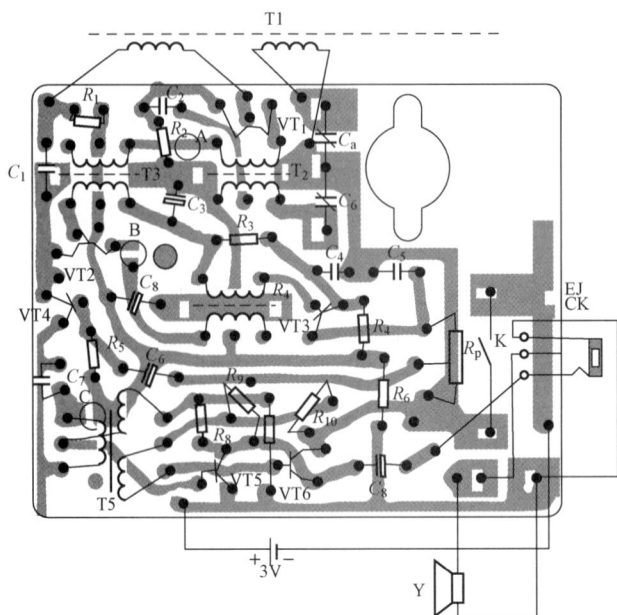

图 9-4　元件排列与电路走线图

9018H，BG5、BG6（VT5、VT6）的位置装 9013H，管脚对号入孔，三极管的安装高度以不高于中周或略矮一点为宜。

（8）电解电容的长脚为正极，对应板上涂白位置的孔，短脚为负极，安装高度一定要低。

（9）瓷片电容装配时有字符的一面向外，高度为中周高度的 2/3 为宜，不要太高。

（10）电阻除 $R_7$ 采用卧式安装外，其他 9 只电阻均采用立式安装，色环的方向朝外一致。

（11）天线焊接时应对号入孔，上锡部分不应留在原件面，线圈的引线带有绝缘漆，焊接时应注意焊接上锡部分，把引线多余部分放在磁棒与线路板中间的空间处，不要将其裁短。

（12）电池的正极片要稍微修整一下，剪成梯形，导线裁成五段，其中四段机壳长度相当，一段与机壳的宽度相当，导线两端去皮 5mm，将金属丝拧紧捋直并上锡，将导线与电池的正负极金属片和锥簧焊好，注意应将电池的正负极片和簧片上锡。

全部元件焊接完毕后即可调试各级静态工作点，即晶体管的集电极电流和电压的静态值。晶体管工作点的大小对它工作结果的好坏有决定性的影响，工作点过高或过低都会导致失真、啸叫、增益减小、噪声增加等故障发生。本机各级最佳工作电流均已标明在下面。为了方便各级工作点调整，印制电路板上各集电极回路中预留了三处测量电流的缺口（上面印制图 9-4 中画圆圈的 A、B、C 处）。各级静态电流值为

| | | | |
|---|---|---|---|
| VT1 | S9018I（或 3DG201A） | A 处 | 变频 $I_c = 0.25 \sim 0.5\text{mA}$ |
| VT2 | S9018（或 3DG201） | B 处 | 中放 $I_c = 0.4 \sim 1.5\text{mA}$ |
| VT4 | S9018（或 3DG201） | C 处 | 低放 $I_c = 1.5 \sim 3\text{mA}$ |

## 第 5 节　外差式收音机的统调

一台收音机如果装配无误，工作点调试正确，一般接通电源后就可以收到当地发射功率比

较强的电台。但即便如此，也不能说它工作得就很好了，这时它的灵敏度和选择性都还比较差，还必须把它的各个调谐回路准确地调谐在指定的频率上，这样才能发挥电路的工作效能，使收音机的各项性能指标达到设计要求。对超外差式收音机的各调谐回路进行调整，使之相互协调工作的过程就称为统调。

统调工作要用到高频信号发生器这样的仪器，高频信号发生器像一个小小的电台，可以发出各种不同频率的信号，作为校正各个调谐回路的标准。H950型六管机共有四个调谐回路（T1～T4）需要仔细调整，把它们一一调在预定的谐振频率上。调整方法可按下列步骤进行。

**一、调整中频**

打开收音机的电源开关 SA，将音量电位器 $R_P$ 旋到最大，双连 $C_0$ 部旋进（逆时针旋到底）。首先把振荡连 $C_{02}$ 短路，让本机振荡停止工作，不致对中频调试工作造成干扰。使信号发生器输出 465kHz 的调幅信号，用一根 0.5m 长的导线一端接在信号发生器的高频输出端，另一端靠近收音机的磁性天线，依靠电磁感应作用使高频信号注入收音机。这时在扬声器中应该听到"呜……"的 1kHz 低频叫声。用无感螺丝刀（用无磁性的非金属材料制作的螺丝刀）微微旋动中周 T4、T3 的磁帽使扬声器中发出的声音最响，调整次序是由后向前，先调 T4 后调 T3，如果扬声器中的叫声太响，可以将电位器适当关小一点再调中周。因为人的耳朵对响度小的声音比较敏感，只要有一点点变化就能辨别出来，对响度大的声音人耳的感觉就比较迟钝，所以在调试过程中只须把音量开到刚刚能听到"呜……"声就可以了。反复调整 T4、T3 2～3 次使扬声器中声音最响，中频就调整好了。这步调试工作完毕后，不要忘记去掉 $C_{02}$ 上的短路线，以便进行下一步调试工作。

**二、调覆盖**

覆盖（见图 9-5）是指收音机能够接收高频信号的频率范围，中波收音机的覆盖范围为 535～1605kHz，对应的本机振荡频率范围为 1.0～2.07MHz。覆盖的调整步骤如下：

（1）使信号发生器输出 520kHz 的调幅信号，把双连 $C_0$ 全部旋进（逆时针旋到底），用无感螺丝刀调整 T2 的磁帽，找到谐振点使扬声器发出的叫声最响，这时是调整频率覆盖的低端，频率值取 520kHz 是为了留出 3％的余量。

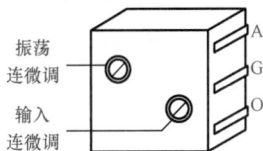

图 9-5　调覆盖

（2）使信号发生器输出 1650kHz，这里同样留出了 3％的余量。把双连 $C_0$ 全部旋出（顺时针旋到底），调整 $C_{02}$ 的振荡联微调使扬声器发出的声音最响，这是在调整频率覆盖的高端。反复调整高端和低端，使频率范围正好能覆盖 535～1605kHz 的中波段。

**三、调同步**

（1）使信号发生器输出 570kHz 的调幅信号，双连先全部旋进然后缓缓旋出，使扬声器中能听到 1kHz 的低频叫声，仔细地拨动磁性天线线圈的位置，使声音最响。

（2）使信号发生器输出 1500kHz 的调幅信号，双连全部旋出后再缓缓旋进，使扬声器发出 1kHz 的低频叫声，调整双连输入联微调使声音最响。反复进行高端和低端的同步调整，使两端灵敏度兼顾。

经过以上几个步骤的调整以后，收音机的灵敏度和选择性基本上可以达到规定的技术要求。

**四、不用仪器也可调试的方法**

在业余条件下不是每一位业余爱好者都有信号发生器这样的仪器，这时可以直接利用电台的信号来调试，步骤如下：

（1）将喇叭及喇叭网罩固定在机壳上，将焊好的电路板与电池座、喇叭等连接好。

（2）装上电池，打开电源开关，将音量调至最大，这是在扬声器中可以听到"沙、沙"的噪声。

（3）在信号强的位置（如窗口）调出一个清晰电台，如果此时声音太大可适当减小音量。

（4）调中频。用扁口螺丝刀先旋动绿芯中频变压器（T4）的磁芯，使声音最大，再旋动白芯中频变压器（T3）的磁芯，使声音最大，再重复上述过程 2～3 次，即可调好。注意：磁芯不可向里向外调整过大，调整次数不要太多，否则可导致其永久性损坏。这样调出的中频不一定是 465kHz，虽然不符合国家制定的技术标准，但是并不会对收音机的性能造成明显的影响。

（5）调同步。在频率的低端调出一电台（反时针旋动频率降低，顺时针旋动频率升高），用镊子或螺丝刀拨动天线线圈在磁棒上的位置，使电台播音声最响（调整时手应远离线圈），用厚纸片塞住线圈固定好位置。

在频率高端调出一电台，用螺丝刀调节双联电容的输入连微调，使电台播音声最响。

（6）调覆盖。装上调谐拨轮，转动双连电容，尽可能在中波最低端收一个电台，例如青岛地区的爱好者可以收到青岛广播电台文艺频道（603kHz），这时双连拨盘上的频率指示也许偏离 603kHz 较远。再次转动双连电容使度盘的指针指到 603kHz，这时原来已经收到的文艺频道可能跑掉了，保持双连电容的位置不动，调整 T2 的磁帽使文艺频道的播音再次出现。这样，低端的覆盖就大致调好了。再在高端寻找一个电台，例如青岛广播电台新闻频道（1377kHz）。转动双连使度盘指针读数为 1377kHz 附近，同样，这时也不一定能收到该台，调整双连振荡连的微调电容，使再次收到这个台，这样高端的覆盖也调好了。把这个步骤反复进行两三次覆盖就基本调好了。当然，这样调出的覆盖准确性是比较差的，但是，只要能收到当地的所有电台就行。如果当地低端的电台收不到，可以把 T2 的磁帽旋进一些；反之，如果高端的电台收不到，就把振荡联的微调调小一点，以能收到当地所有的中波电台为原则。

本章讲述的超外差六管机电路是经过作者优化设计和多次实际装配的作品，只要元件质量良好，经过仔细地装配和调试，可以达到很好的效果。我们曾对样机进行过试听，在青岛地区清晨和夜间可以收 7、8 个电台。

青岛广播电台新闻频道：AM 1377kHz

青岛广播电台经济频道：AM 1251kHz

青岛广播电台交通频道：AM 900kHz

青岛广播电台文艺频道：AM 603kHz

## 第6节  常见故障的维修

初学者在装配收音机时，由于不够细心或是因为元件质量问题而致使收音机不能正常工作，这就需要对收音机进行检修和排除故障。常用的检修方法有下列几种：

### 一、直观检查法

打开收音机后盖，首先检查机内有无断线和元件漏装、错装，电池夹、电源开关是否接触良好。也可以用螺丝刀轻轻拨动元件，看有无虚焊和元件彼此相碰的地方。接通电源，把电位器开到最大，然后再用导线瞬间短路某两点或用手捏螺丝刀去碰触各晶体管的电极，根据扬声器中发出的声音的大小来判断故障部位。检测的顺序可以从后向前逐级试验。首先从末级开始，用一段导线将 VT5 和 VT6 的集电极和电源正极瞬间短路，这时扬声器里如果发出"咯咯"声，就表示扬声器工作正常。再用导线将 VT4 的集电极对地瞬间短路，如果扬声器也发出"咯咯"声，则说明推挽放大级工作也是正常的。由于前置低放已经有相当的放大能力，这时只须用手捏螺丝刀碰触 VT4 的基极（不必对地短路），扬声器中就应发出"咯咯"声，有时在扬声器中甚至还可以听到电台播音声或交流声。如果试验某一级的时候，扬声器中没有任何反应，那么故障一定就发生在这一级。

用螺丝刀碰触 VT3 和 VT2 的基极时，由于中周 T3、T4 的圈数很少，所以扬声器中只能听到微弱的"咯咯"声。但是如果将基极对地短路一下，也可在扬声器中听到比较明显的响声。检查变频级时，可以用螺丝刀分别碰触双连电容的两组定片，扬声器中都应发出声音，这就说明变频级工作是正常的。如果碰触振荡连定片时明显小于碰触输入连定片时发出的声音，那就说明本机振荡停振了，这就要检查振荡线圈是否有问题，或是双连电容内部有短路等故障。

### 二、电流电压检查法

直观检查法可以大致判断故障发生在哪一级，用万用表测量各级电流电压则可以对故障作进一步的检查和分析。接上电源，测量一下电池的电压，不应低于 2.4V，调试时最好用新电池，避免走弯路。在收音机和电池之间串联一个电流表，例如将万用表拨到 50mA 挡。打开电源开关，音量旋到最小的一端，看整机总电流是多少，本机总电流的正常值约为 8～12mA，如偏离此值甚远，则表示收音机一定有故障。

（1）远大于正常值，接上电源后电流表指针猛打，这说明电路存在严重短路，应立即断开电源。可能的故障部位有：电源接反；VT5、VT6 三只脚接错或型号用错；耳机插口 CK 内部短路；印制电路板上有搭焊或碰线的地方（重点在末级）。

（2）总电流值为 20～50mA：VT4、VT5 接错或 c、e 间短路，这时 VT4 的集电极电压只有 0.7V 或 0V；前级 VT1、VT2 有严重短路的地方，这时可测得图 9-2 中 $R_{10}$ 左端对地电压为零，应检查中周 T3、T4 的一次绕组是否和屏蔽罩有短路的地方，若测得此电压为 0.7V 左右，则应检查 VT1、VT2 的脚是不是接错了。

（3）总电流小于正常值：印制电路板上预留的测试电流的缺口没有搭焊上，这时扬声器中完全无声；晶体管或偏流电阻安装有误，可参照测量各个晶体管的电流电压值。

（4）总电流值为零：电池、开关接触不良。

（5）电流值开始正常，随后慢慢越变越大：$C_8$、$C_9$ 接反或是质量太差，因为严重漏电所致。

（6）总电流基本正常，各级晶体管工作点也符合规定值，但是收音机还不能正常工作：可能是本机振荡停振，判断本机振荡是否工作正常，可以测 VT1 的发射极电压，如果这个电压正常，而且用螺丝刀将双连中的 $C_{02}$ 短路时该电压略有变化则说明本振起振了。反之如果没有变化，那就是本振停振了。

如果以上检查还不能找出故障就应该用第 4 节所介绍的信号发生器作进一步的检查了。总之，收音机故障的检修是一项细致复杂的工作，需要我们耐心地按步骤地进行，一下子不能排除故障，可以查阅有关书籍，冷静思考后再进行。即使反复检查后，仍然查不出故障，也切不可乱调乱换元件，导致故障进一步扩大。这时，应请教有经验的高手，或请老师指导。检修水平的提高，有赖于知识和经验的积累，绝不可能一蹴而就。

# 第10章

# Multisim仿真技术

## 第1节 导 论

### 一、什么是 Multisim

Multisim 是一个完整的设计工具系统，提供了一个非常大的元件数据库，并提供原理图输入接口、全部的数模 Spice 仿真功能、VHDL/Verilog 设计接口与仿真功能、FPGA/CPLD 综合、RF 设计能力和后处理功能，还可以进行从原理图到 PCB 布线工具包（如：Electronics Worbench 的 Ultiboard）的无缝隙数据传输。它提供的单一易用的图形输入接口可以满足设计需求。

Multisim 提供全部先进的设计功能，满足从参数到产品的设计要求。因为程序将原理图输入、仿真和可编程逻辑紧密集成，可以放心地进行设计工作，不必顾及不同供应商的应用程序之间传递数据时经常出现的问题。

### 二、安装 Multisim

1. 单用户的安装

Multisim 包装中的 CD-ROM 可以自行启动运行，按照如下步骤进行安装：

注：为了成功安装，您可能需要大于 250MB 的硬盘空间，不同的版本所需要的硬盘空间不同。个人版的 Multisim 需要 100MB 空间。

（1）如果您的 Multisim 版本提供了硬件锁，请将它插在计算机并口上（一般是 LPT1 口）。如果没收到硬件锁，无须进行此步。

（2）开始安装前请退出所有的 Windows 应用程序。

（3）将光盘放入光驱，出现"Welcome"后，单击 Next 继续。

（4）阅读授权协议，单击 Yes 接受协议。如果不接受协议请单击 No，安装程序将终止。

（5）阅读出现的系统升级对话框，系统窗口文件需要此时升级。单击 Next 系统窗口文件的进行升级。

（6）程序再次提醒您关闭所有的 Windows 应用程序。单击 Next 重新启动计算机。计算机重新启动后将会使用升级的窗口文件。

注：请不要取出光盘，一旦计算机重新启动，Multisim 会自动继续安装进程。您将会再次看到"Welcome"和"License"，只需分别单击 Next 和 Yes 以继续安装。

（7）输入您的姓名、公司名称和与 Multisim 一同提供给您的 20 位系列码。系列码在 Multisim 包装的背后。单击 Next 继续。

（8）如果您购买了附加模块，会收到 12 位的功能码。现在就输入第一个功能码。如果没有收到功能码，略去本步。单击 Next 继续进行。若输入了功能码并单击了 Next，将出现一新的输入框，继续输入其他的功能码即可。将所有的功能码输入完后，保持最后的输入框空白，单击 Next 继续。

注：功能码与系列码不同，只有购买了附加模块才能收到功能码。

（9）选择 Multisim 的安装位置。选择缺省位置或单击 Browse 选择另一位置，或输入文件夹名。单击 Next 继续。

（10）安装程序将依您所输入的名称建立程序文件夹。单击 Next 继续进行。Multisim 将完成安装。单击 Cancel 可以终止安装。Multisim 安装完毕后，可以选择是否安装 Adobe Acrobat Reader Version 4。阅读电子版手册时需要此软件，单击 Next 并根据指导进行安装。如果已经安装了此软件，单击 Cancel。

2. 安装功能码

如果之前已经安装了 Multisim，后来又购买了可选的附加模块并得到了功能码，则需要重新运行初始安装程序，输入功能码将相应的功能打开。安装功能码时无须卸载已经安装的 Multisim。已安装 Multisim 的安装功能码步骤如下：

（1）如上所述，重新运行安装程序。

（2）按照提示输入功能码，单击 Next 再次出现提示输入功能码的输入框。

（3）输入您所购买的另一功能码，然后单击 Next。

（4）继续输入功能码并单击 Next，直至输入所有的功能码。

（5）输入完所有的功能码后，保持最后的输入框为空，单击 Next。

### 三、Multisim 界面导论

1. 基本元素

Multisim 用户界面包括如图 10 - 1 所示基本元素。

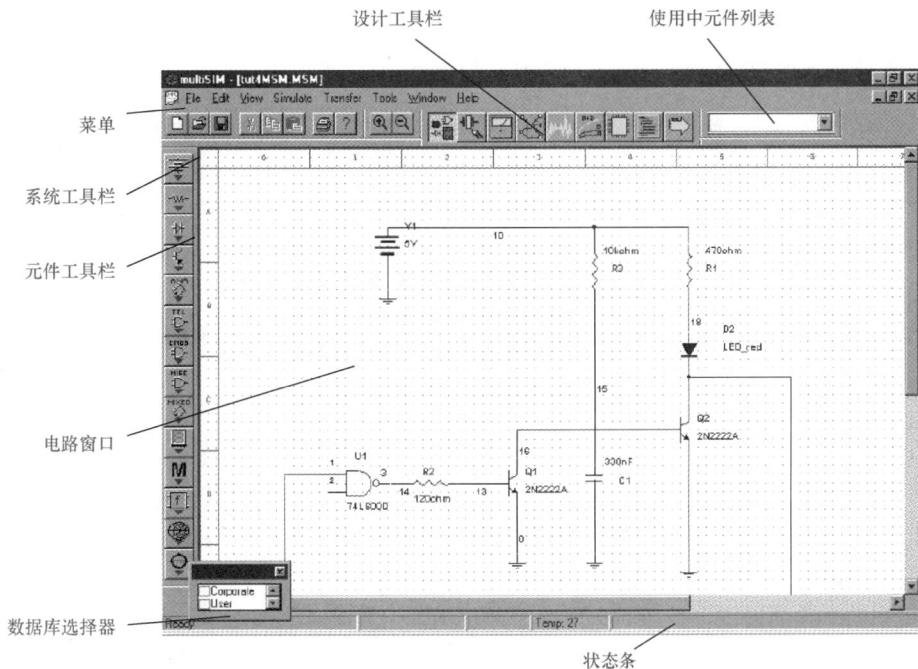

图 10 - 1　Multisim 用户界面

注：缺省状态下，电路窗口的背景是黑色的。

与所有的 Windows 应用程序类似，可在菜单（Menus）中找到所有功能的命令。

（1）系统工具栏（System Toolbar）包含常用的基本功能按钮。

（2）设计工具栏（Multisim Design Bar）是 Multisim 的一个完整部分，后面将详细介绍。

（3）使用中元件列表（In Use）列出了当前电路所使用的全部元件。

（4）元件工具栏（Component Toolbar）包含元件箱按钮（Parts Bin），单击它可以打开元件族工具栏（此工具栏中包含每一元件族中所含的元件按钮，以元件符号区分）。

（5）数据库选择器（Database Selector）允许确定哪一层次的数据库以元件工具栏的形式显示。

（6）状态条（Status Line）显示有关当前操作以及鼠标所指条目的有用信息。

2. 设计工具栏（Design Bar）

设计是 Multisim 的核心部分，使您能容易地运行程序所提供的各种复杂功能。设计工具栏指导您按部就班地进行电路的建立、仿真、分析并最终输出设计数据。虽然菜单中可以执行设计功能，但本手册将使用方便易用的设计工具栏进行电路设计。

元件设计按钮（Component）缺省显示，因为进行电路设计的第一个逻辑步骤是往电路窗口中放置元件。

元件编辑器按钮（Component Editor）用以调整或增加元件。

仪表按钮（Instruments）用以给电路添加仪表或观察仿真结果。

仿真按钮（Simulate）用以开始、暂停或结束电路仿真。

分析按钮（Analysis）用以选择要进行的分析。

后分析器按钮（Postprocessor）用以进行对仿真结果的进一步操作。

VHDL/Verilog 按钮用以使用 VHDL 模型进行设计（不是所有的版本都具备）。

报告按钮（Reports）用以打印有关电路的报告（材料清单、元件列表和元件细节）。

传输按钮（Transfer）用以与其他程序通信，比如与 Ultiboard 通信。也可以将仿真结果输出到像 MathCAD 和 Excel 这样的应用程序。

这里介绍了使用这些工具按钮建立电路、仿真电路的基本用法，有关细节请参考 Multisim User Guide。

**四、定制 Multisim 界面**

Multisim 界面的各个方面均可定制，包括工具栏、电路颜色、页尺寸、聚焦倍数、自动存储时间、符号系统（ANSI 或 DIN）和打印设置。定制设置与电路文件一起保存，所以可以将不同的电路定制成不同的颜色。也可以重载不同的个例（比如将一特殊的元件由红色变为橙色）或整个电路。

改变当前电路的设置，一般右击电路窗口选择弹出式菜单。

用户喜好设置（用 Edit/User Preference 进行设置）组成了所有后续电路的缺省设置，但是不影响当前电路。缺省情况下，任何新建电路使用当前的用户喜好设置。例如，如果当前电路显示了元件标号，用 File/New 建立的新电路将显示元件标号。

1. 控制当前显示方式

可以控制当前电路和元件的显示方式，以及细节层次。控制当前电路的显示方式。右击电路窗口选择弹出式菜单：

- 显示格点 Grid Visible（toggles on and off）。
- 显示标题栏与边界 Show Title and Border（toggles on and off）。
- 颜色 Color（可以选择电路窗口中不同元素的颜色）。
- 显示 Show（显示元件及相关元素的细节情况）。

试用这些选项进行操作。

2. 设置缺省的用户喜好

新建立的电路使用缺省设置。用用户喜好进行缺省设置，它影响后续电路，但不影响当前电路。

选择 Edit/User Preference 进行缺省设置，图 10 - 2 是用户喜好对话框。

选择希望的标签，例如，要对元件标志和颜色进行设置，单击 Circuit 标签。要设置格点、标题栏和页边界是否显示，单击 Workspace 标签。请练习这些选项，记住，只有建立了新的电路后才会看到结果。

3. 其他定制选项

可以通过对下列条目的显示或隐藏、拖动和重定尺寸来定制界面：

- 系统工具栏 system toolbar。
- 聚焦工具按钮 Zoom toolbar。
- 设计工具栏 Design Bar。
- 使用中列表 "in use" list。
- 数据库选择器 database selector。

这些更改对目前所有的电路都有效。下一次打开电路时，被移动和重定尺寸的条目将保持这个位置和尺寸。

最后，可以用 View 菜单显示或隐藏各个元素。

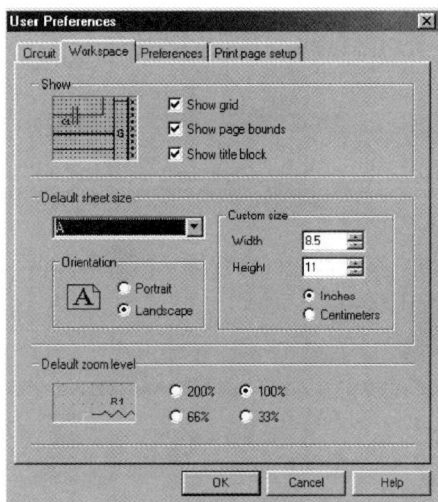

图 10 - 2　用户喜好对话框

## 第 2 节　建　立　电　路

### 一、导言

下面建立并仿真一个简单的电路。第一步是选择要使用的元件，放置在电路窗口中适当的位置上，选择方向，连接元件，以及进行其他的设计准备。

建立一个简单的二极管闪烁电路，完成上述各个步骤后，可得到如图 10 - 3 所示电路。

此电路建立过程中各个步骤的电路文件与 Multisim 一同交付。下面进行各步骤的详细介绍。

### 二、开始建立电路文件

要开始建立电路文件，只需运行 Multisim。它会自动打开一个空白的电路文件。电路的颜色、尺寸和显示模式基于以前的用户喜好设置。可以用弹出式菜单根据需要改变设置，也可以参考 Multisim User Guide。

### 三、往电路窗口中放置元件

如 Multisim User Guide 所介绍的那样，Multisim 提供三个层次的元件数据库［Multisim 主

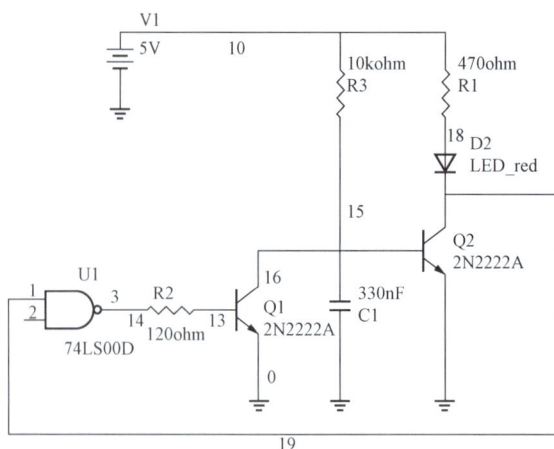

图 10 - 3  二极管闪烁电路

数据库"Multisim Master"、用户数据库"User",有些版本有合作/项目数据库"corporate/project（corp/proj）"]。这里只关注与 Multisim 一同交付的"Multisim"层次的主数据库。欲了解其他层次的元件数据库，请参考 Multisim User Guide。

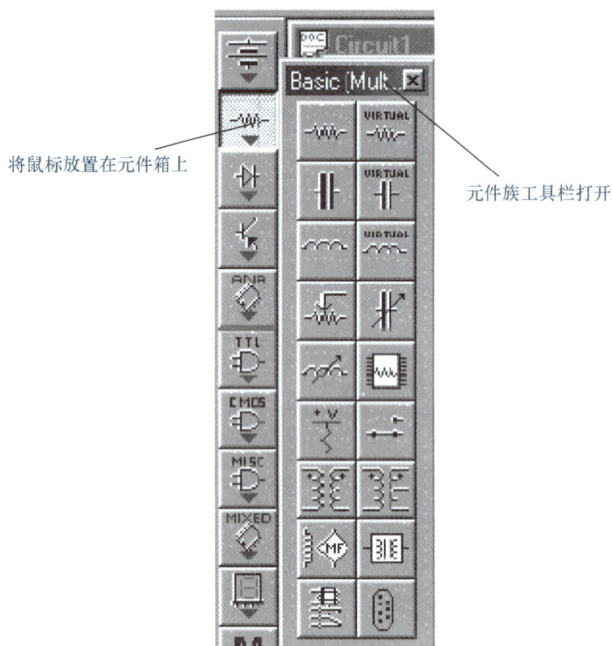

图 10 - 4  元件工具栏

1. 关于元件工具栏

元件工具栏是缺省可见的，如果不可见，请单击设计工具栏的 Component 按钮。

元件被分成逻辑组或元件箱，每一元件箱用工具栏中的一个按钮表示。将鼠标指向元件箱，元件族工具栏打开，其中包含代表各族元件的按钮，如图 10 - 4 所示。

2. 放置元件

下面讲述如何利用元件工具栏放置元件，这是放置元件的一般方法。如 Multisim User Guide 中所介绍的，也可以用 Edit/Place Component 放置元件，当不知道要放置的元件包含在哪个元件箱中时，这种方法很有用。

（1）放置第一个元件。

1）第一步：放置电源。放置第一个元件（一个 5V 电源）。

a）将鼠标指向电源工具按钮（或单击该按钮），电源族工具栏显示如图 10 - 5 所示。

要点：在按钮上移动鼠标会显示按钮所代表的元件族的名称。

b）单击直流电压源按钮 ⏚，鼠标指示已为放置元件做好准备（鼠标所指即为元件左上角位置，使您可以将元件容易地放置在希望的位置上）。

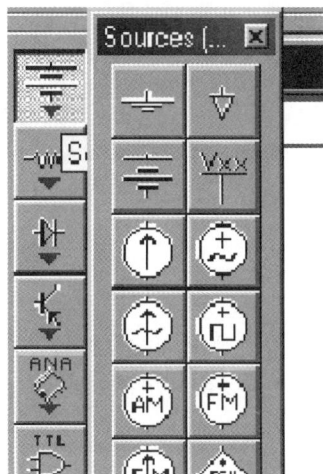

图 10 - 5　电源工具栏

c）将鼠标移到要放置元件的左上角位置，利用页边界可以精确地确定位置，单击鼠标，电源出现在电路窗口中，如图 10 - 6 所示。

注：可以隐藏元件周围的描述性文本。右击鼠标，从弹出式菜单中选择 Show。

2）第二步：改变电源值。电源的缺省值是 12V，可以容易地将电压改为需要的 5V。改变电源值的步骤如下：

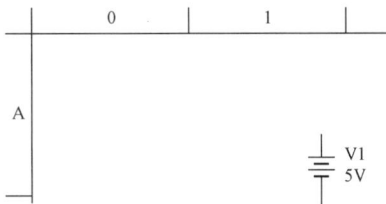

图 10 - 6　放置电源元件

a）双击电源出现电源特性对话框，电源值标签（Value tab）显示如图 10 - 7 所示。

注：关于电源特性对话框的其他标签，参考 Multisim User Guide。

b）将 5 改为 12，单击 OK。

值的改变只对虚拟（Virtual）元件有效，虚拟元件是虚拟的，是不可能从供应商那里买到的。虚拟元件包括所有的电源和虚拟电阻/电容/电感，以及大量的用来提供理论对象的真实元件，如理想的运算放大器等。

Multisim 用两种方法处理虚拟元件，与处理真实元件稍有不同。首先，虚拟元件与真实元件的缺省颜色不同，这样会提醒您这些元件不是真实的，不会输出到 PCB 布线软件。下一步放置电阻时将会看到这种差别。第二，放置虚拟元件时不是从浏览器中选择的，因为可以任意设置元件值。

（2）放置下一个元件。

1）第一步：放置电阻。放置第一个电阻的步骤如下：

a）放置鼠标于基本元件工具箱上，在出现的工具栏中单击电阻按钮，出现如图 10 - 8 所示电阻浏览器。

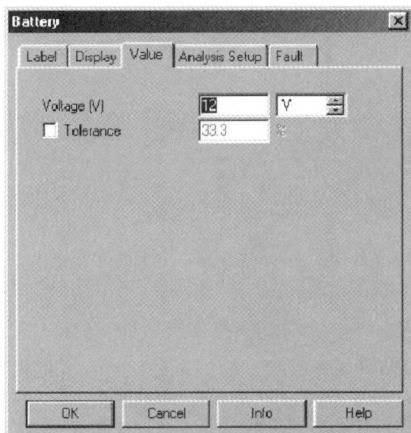

图 10 - 7　电源值标签

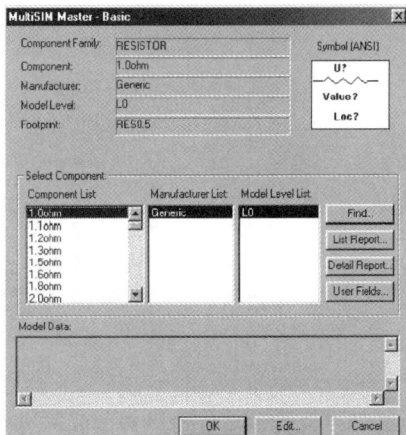

图 10 - 8　电阻浏览器

出现这个浏览器的原因是由于电阻族中包含很多真实元件，也就是您可以买到的元件。它显示了主数据库中所有可能得到的电阻。

注：放置直流电源时不出现浏览器，因为直流电源中只有虚拟元件。

b）滚动 Component List 找到 470ohm 的电阻。

要点：输入头几个数字可以快速滚动 Component List，比如输入 470 后，浏览器会滚动到相应的区域。

c）选择 470ohm 电阻，然后单击 OK。鼠标出现在电路窗口中。

d）将鼠标移动到 A5 位置，单击鼠标放置元件。

注意电阻的颜色与电源不同，提醒您它是实际的元件（可以输出到 PCB 布线软件）。

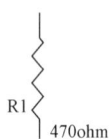

2）第二步：旋转电阻。为了连线方便，需要旋转电阻。旋转电阻的步骤如下：

a）右击电阻，出现弹出式菜单。

b）选择菜单中的 90CounterCW 命令，结果如图 10-9 所示。

图 10-9　旋转电阻

c）如果有需要，可以移动元件的标号，特别是在对电阻进行了数次旋转后，又不喜欢标号的显示方式时。例如，要移动元件的参考 ID，只需单击并拖动它即可，或者利用键盘上的箭头键，标号每次移动一个格点。

3）第三步：增加其他电阻。本电路需要两个电阻，分别是 120ohm 和 470ohm。添加电阻的步骤如下：

a）按照以上步骤在 D 行、2 列的位置添加加一个 120ohm 的电阻，请注意此电阻的参考 ID 是"R2"，表示它是第二个放置的电阻。

b）放置第三个电阻：470ohm 的电阻（可以用"In Use"列表），将此电阻放置在 4B 位置。

看一下设计工具栏右边的"In Use"列表。它列出了迄今为止放置的所有的元件，单击列表中的元件可以容易地重用此元件。

结果如图 10-10 所示。

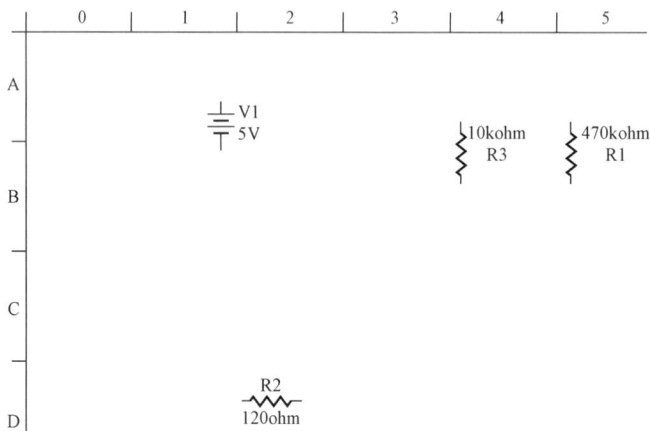

图 10-10　增加电阻

如果需要可以容易地将已放置的元件移动到希望的位置。单击选中元件（确定选定的是元件不是标号），用鼠标拖动或用箭头键每次移动一步。

4）第四步：存储文件。选择 File/Save As 菜单命令，给出存储位置与文件名。

（3）放置其他元件。

1）按照以上步骤将下列元件放置在如图 10-3 中所指位置。

a）一个红色的 LED（取自于 Dioeds 族）放置在 R1 的正下方。

b）一个 74LS00D（取自于 TTL 族）在 D1 位置。由于此元件有 4 个门，所以程序将提示您确定使用哪个门。4 个门相同，可任选一个。

c）一个 2N2222A 双极型 NPN 三极管（取自于三极管族），放置在 R2 的右方。

d）另一个 2N2222A 双极型 NPN 三极管放置在 LED 正下方（拷贝并粘贴前边的三极管到新位置即可）。

e）一个 330nF 的电容（取自于基本元件族），放置在第一个三极管的右方，并沿顺时针方向旋转（如果需要，旋转后可以移动标号）。

f）接地（取自于电源族），放置在 V1、Q1、Q2 和 C1 的下方。电路中可以用多个地，本手册中用一个地连接多个元件。

g）一个 5V 的电源 VCC（取自于电源族），放置在电路窗口的左上角；一个数字地（取自于电源族）放置在 VCC 下方。

结果如图 10-11 所示。

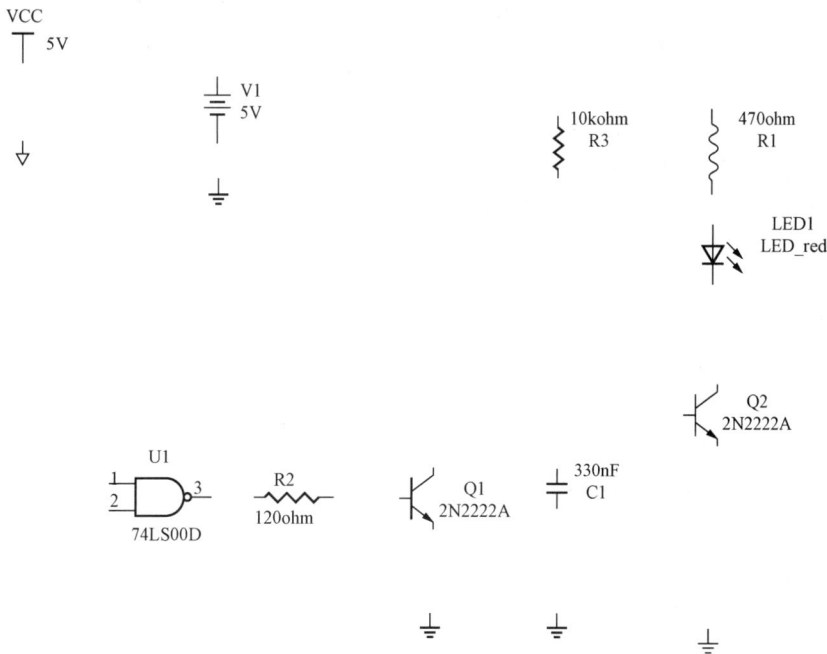

图 10-11　放置其他元件

要点：选中元件后用箭头键可以快速地沿直线移动元件，将元件排成一条直线便于连线。

2）选择 File/Save 存储文件。

### 四、改变单个元件和节点的标号和颜色

可以改变 Multisim 赋予元件的标号与颜色。改变任一个元件的标号的步骤如下：

（1）双击元件出现元件特性对话框。

（2）单击标号 Label 标签，输入或调整标号（由字母与数字组成，不得含有特殊字符和空格）。

（3）单击 Cancel 取消改变。单击 OK 存储改变。

改变任一个元件的颜色，右击元件出现弹出式菜单，选择 Color 命令，从出现的对话框中选择合适的颜色。

要点：改变任一个元件的颜色与改变当前电路或用户喜好的颜色设置不同。

**五、给元件连线**

既然放置了元件，就要给元件连线。Multisim 有自动与手工两种连线方法。自动连线为 Multisim 特有，选择管脚间最好的路径自动为您完成连线，它可以避免连线通过元件和连线重叠。手工连线要求用户控制连线路径。可以将自动连线与手工连线结合使用，比如，开始用手工连线，然后让 Multisim 自动地完成连线。

对于本电路，大多数连线用自动连线完成。您可以对本章中所建立的电路进行连线，也可以打开 Tutorial 文件夹中的 tut1.msm 进行连线，这个电路中元件已放置在合适的位置上。

1. 自动连线

下面开始为 V1 和地连线。开始自动连线的步骤如下：

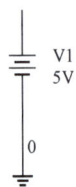

（1）单击 V1 下边的管脚。

（2）单击接地上边的管脚。两个元件就自动完成了连线。结果如图 10-12 所示。

注：连线缺省为红色。要改变颜色缺省值，右击电路窗口，选择弹出式菜单的 Color 命令。要改变单个连线的颜色，单击此连线，选择弹出式菜单中的 Color 命令。

图 10-12 两个元件 自动连线

（3）用自动连线完成下列连接：

• V1 到 R1。

• R1 到 LED。

• LED 到 Q2 的集电极。

• Q2 和 Q1 的发射极。

• C1 到地。

• Q1 的基极到 R2。

• R3 到 U3 的第三脚（输出）。

• R3 到 C1。

• U1 的第一脚到第二脚。

• R3 到 V1 和 R1 的连线（节点 1）。先单击 R3 管脚然后单击连线，程序自动在连接点上增加节点。

• Q2 的基极和 Q1 的集电极。

结果如图 10-13 所示。

按 ESC 结束自动连线。若要删除连线，右击连线从弹出式菜单中选择 Delete 或按 DELETE 键。

2. 手工连线

现在要将 U1 的输入连接到 LED 与 Q2 之间的连线，使用手工连线可以精确地控制路径。

Multisim 防止将两根连线连接到同一管脚，这样可以避免连线错误。现在从 U1 的 1 脚与

2 脚间的连线开始进行，而不是从 1 脚或 2
脚开始，从连线中间开始连线需要在连线上
增加节点。

（1）增加节点：

1）选择 Edit/Place Junction 菜单命令，
鼠标指示已经做好放置节点准备。

2）单击 U1 输入间的连线放置节点。

3）出现节点特性对话框，保持节点特
性为缺省状态，单击 OK。

4）节点出现在连线上，如图 10 - 14
所示。

下面要按照需要的路径进行连线，显示
格点可以帮助确定连线的位置。

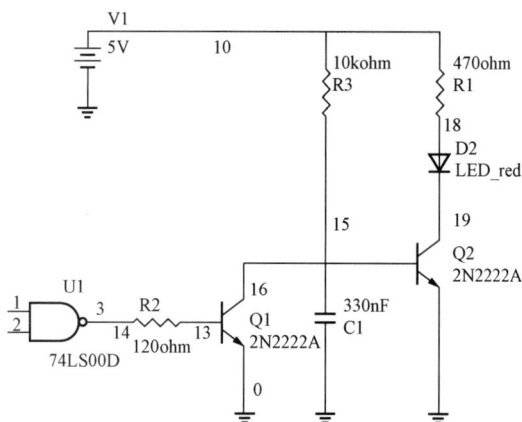

图 10 - 13　多元件自动连线

（2）右击电路窗口，从弹出式菜单中选择 Grid Visible 命令以显示格点。这时已经为手工
连线做好准备。

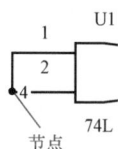

图 10 - 14　增加节点

（3）进行手工连线。

1）单击刚才放置在 U1 输入端的节点。

2）向元件的下方拖动连线，连线的位置是"固定的"。

3）拖动连续至元件下方几个格点的位置，再次单击。

4）向上拖动连线到 LED1 和 Q2 间连线的对面，再次单击。

5）拖动连线至 LED1 与 Q2 间的连线上，再次单击。

结果如图 10 - 15 所示。

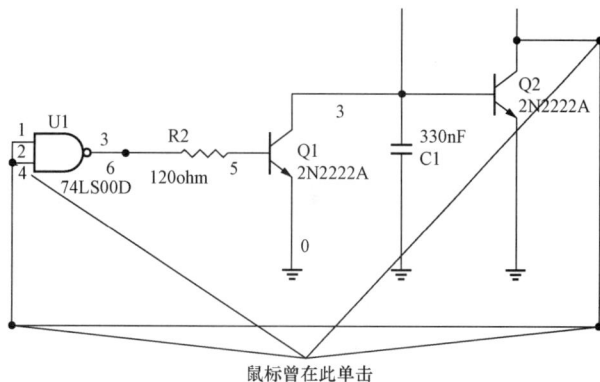

图 10 - 15　手工连线

小方块（"拖动点"）指明了曾单击鼠标的位置，单击拖动点并拖动线段可以调整连线的形
状，操作前请先储存文件。

选中连线后可以增加拖动点：按住 CTRL 键然后单击要增加拖动点的连线。

（4）按住 CTRL 键然后单击拖动点可以将其删除。

### 六、为电路增加文本

Multisim 允许增加标题栏和文本来注释电路。

（1）增加标题栏。选择 Edit/Set Title Block，输入标题文本单击 OK，标题栏出现在电路窗口的右下角。

（2）增加文本。

1）选择 Edit/Place Text。

2）单击电路窗口，出现文本框。

3）输入文本比如"My tutorial circuit"。

4）单击要放置文本的位置。

要删除文本，右击文本框然后从弹出式菜单中选择 Delete 命令，或者按 DELETE 键。

要改变文本的颜色，右击文本框然后从弹出式菜单中选择 Color 命令，选择合适的颜色。

要编辑文本，单击文本框编辑文本，单击文本框以外任一处结束编辑。

要移动文本框，单击并拖动文本框到新位置即可。

## 第 3 节  编  辑  元  件

### 一、元件编辑器入门

用元件编辑器可以调整 Multisim 数据库中的所有元件。比如，如果原来的元件有了新封装形式（原来的直插式变成了表面贴装式），可以容易地拷贝原来的元件信息，只改变封装形式，从而产生一个新的元件。

用元件编辑器可以产生您自己的元件（将它放入数据库）、从其他来源载入元件或删除数据库中的元件。数据库中的元件由四类信息定义，从各自的标签进入：

• 一般信息（像名称、描述、制造商、图标、所属族和电特性）。

• 符号（原理图中元件的图形表述）。

• 模型（仿真时代表元件实际操作/行为的信息）——只对要仿真的元件是必须的。

• 管脚图（将包含此元件的原理图输出到 PCB 布线软件时，如 Ultiboard，需要的封装信息）。

### 二、进入元件编辑器

可按以下任意一种方法进入元件编辑器（见图 10 - 16）：

单击设计工具栏中的 Component Editor 🖱️ 按钮。选择 Tool/Component Editor，出现元件编辑器对话框。

注：编辑已经存在的元件比从开始产生元件要容易得多。

### 三、开始编辑元件

选择要编辑的元件。编辑一个已存在的元件的步骤如下：

（1）在 Operation 选项下选择 Edit。

（2）在 From 列表中选择包含要编辑元件的数据库，典型的是主数据库"Multisim master"。

（3）在 To 列表中选择要保存元件的数据库。您会发现此列表中没有主数据库，因为主数据库是不能改变的。

（4）在 Family 区域的 Name 列表中选择包含要编辑元件的族。相对应地，Component 区域的 Name 列表就会显示此族中的元件列表。

（5）从 Component 列表中选择要编辑的元件。

（6）如果需要，选择制造商 Manufacturer 和模型 Model（当存在多个制造商或模型时）。

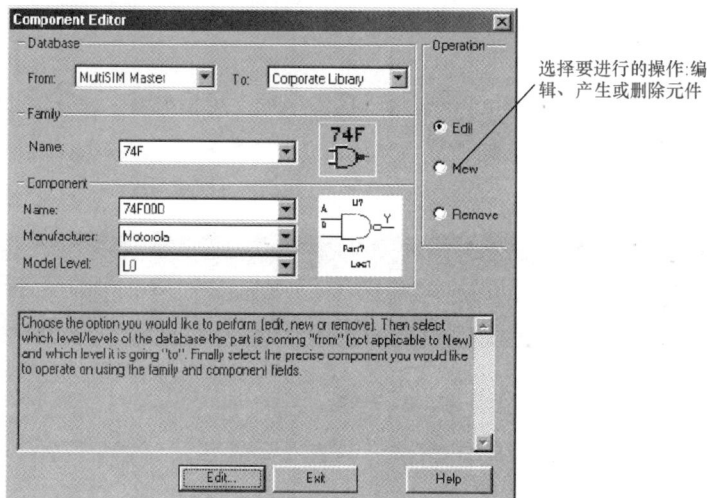

选择要进行的操作:编辑、产生或删除元件

图 10-16　元件编辑器

（7）单击 Edit 继续（按 Exit 取消）。

包含四个标签的元件特性对话框显示如图 10-17 所示。

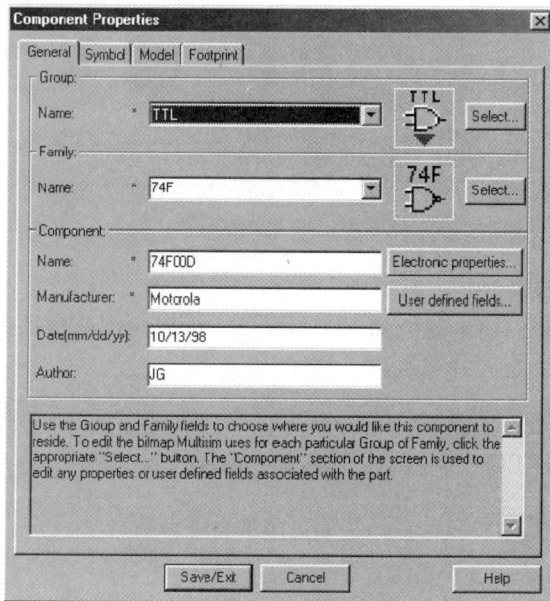

图 10-17　元件特性对话框

这些标签与要编辑的信息类型对应。为了看到元件编辑器的作用，需要实际调整符号、模型或管脚图。有关各标签的详细用法，请参考 Multisim User Guide。

## 第4节　给电路增加仪表

### 一、导言

Multisim 提供了一系列虚拟仪表，用这些仪表可测试电路的行为。这些仪表的使用和读数与真实的仪表相同，感觉就像实验室中使用的仪器。使用虚拟仪表显示仿真结果是检测电路行为最好、最简便的方法。

单击设计工具栏中的 Instruments 按钮进入仪表功能。单击此按钮后会出现如图 10-18 所示仪表工具栏，每一个按钮代表一种仪表。

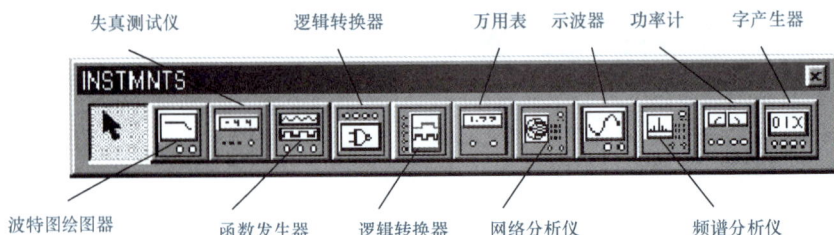

图 10-18　仪表工具栏

虚拟仪表（见图 10-19）有两种视图：连接于电路的仪表图标；打开的仪表（可以设置仪表的控制和显示选项）。

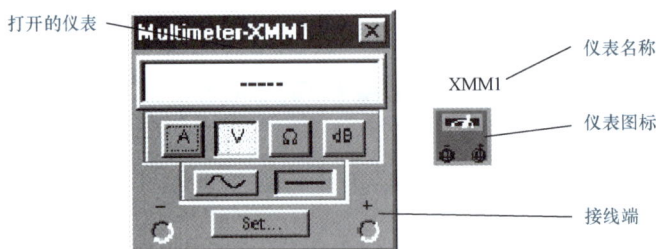

图 10-19　虚拟仪表

## 二、增加与连接仪表

为了指导您使用，我们给电路增加一个示波器。可以使用前边已经建立的电路，或打开 Tutorial 文件夹中的 tut2. msm 电路文件。

（1）第一步：增加示波器。

1）单击设计工具栏的 Instruments [图] 按钮，出现仪表工具栏。

2）单击示波器按钮 [图]，鼠标显示表明已经准备好放置仪表。

3）移动鼠标至电路窗口的右侧，然后单击鼠标。

4）示波器图标出现在电路窗口中。

5）现在需要给仪表连线了。

（2）第二步：给示波器连线。

1）单击示波器的 A 通道图标，拖动连线到 U1 与 R2 间的节点上。

2）单击 B 通道图标，拖动连线到 Q2 与 C1 间的连线上。

电路结果如图 10-20 所示。

## 三、设置仪表

每种虚拟仪表都包含一系列可选设置来控制它的样式。

（1）要打开示波器，双击示波器图标，显示如图 10-21 所示。

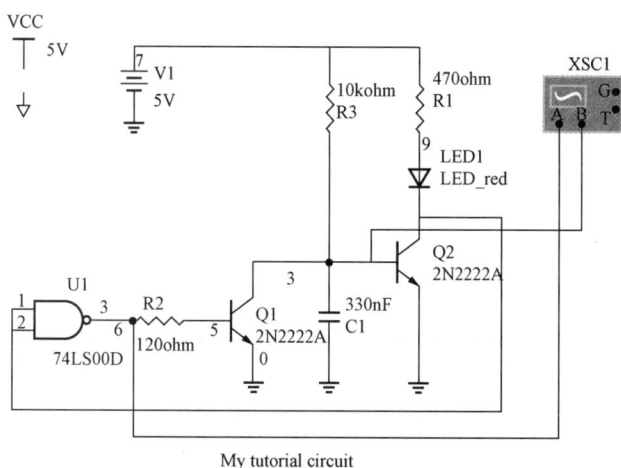

图 10 - 20    给示波器连线

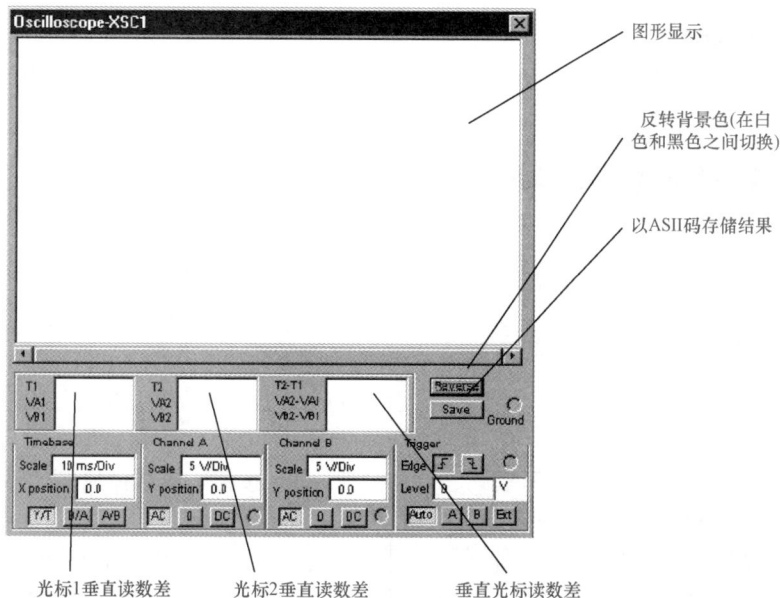

图 10 - 21    打开示波器

选择 Y/T 时，时基（Timebase）控制示波器水平轴（X 轴）的幅度。

为了得到稳定的读数，时基设置应与频率成反比——频率越高时基越低。

（2）设置本电路的时基：

• 为了很好地显示频率，将时基幅度设置（应该选择 Y/T，见图 10 - 22）为 $20\mu s$/Div。

• A 通道幅度设置为 5V/Div，单击 DC。

• B 通道幅度设置为 500mV/Div，单击 DC。

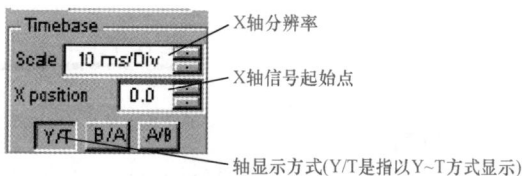

图 10 - 22    选择 Y/T

结果如图 10 - 23 所示。

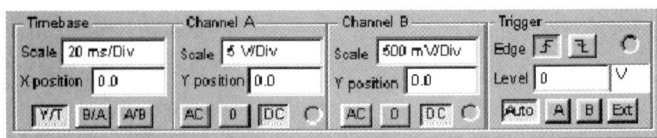

图 10 - 23 设置时基

## 第 5 节 仿 真 电 路

### 一、仿真电路

可以使用前边已经建立的电路，或打开 Tutorial 文件夹中的 tut3. msm 电路文件（此电路中所有的元件、连线与仪表均已正确连接并设置好）。

要仿真电路，单击设计工具栏中的 Simulate 按钮 ，或选择弹出式菜单中的 Run/Stop。

### 二、观察仿真结果

仿真开始了，但我们需要观察仿真结果。最好的方法是用前边增加到电路中的示波器进行观察。

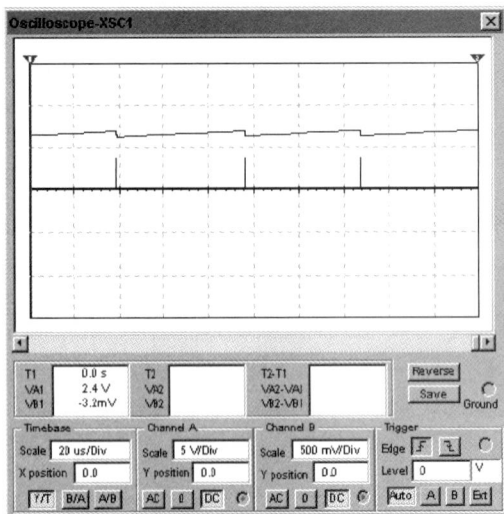

图 10 - 24 设置示波器结果

（1）从示波器中观察结果。如果仪表不处于"打开"状态，可以双击图标"打开"它。

如果按前边的介绍正确地设置了示波器，就应看到如图 10 - 24 所示结果。

注：电路中的 LED 在闪烁（此功能为 Multisim 独有），反映了仿真过程中电路的行为。

（2）要停止仿真，单击设计工具栏中的 Simulate 按钮，或选择弹出式菜单中的 Run/Stop 命令。

注：如果您的结果与上图示波器显示结果不同，可能是仪表的采样率造成的。要使波形稳定下来，选择 Simulate/Default Instrument Setting，单击 Maximum Time Step（TMAX），在提供的空格中输入 1e-4，然后单击 Accept。

## 第 6 节 分 析 电 路

### 一、分析

Multisim 提供多种不同的分析类型，对每一种都提供入门式的在线帮助指导您使用。

进行分析时，如果没有特殊设置或要储存数据供后分析用，分析结果会在 Multisim 绘图器中以图表的形式显示。

单击设计工具栏的 Analysis 按钮  选择分析种类，大多数的分析对话框有多个标签，包括：

- 分析参数标签，用来设置这个特殊分析的参数。
- 输出参数标签，确定分析的节点和结果要做什么。
- 杂项选项标签，选择图表的标题等。
- 概要标签，可以统一观察本分析所有设置。

**二、关于弛豫分析**

弛豫分析，也称时域弛豫分析，以时间为变量计算电路的响应。每个输入周期分成若干间隔，周期中的每个时间点执行直流分析，节点电压波形的解由整个周期中每一时间点的电压值确定。

**三、运行分析**

初始化分析。单击 Analysis 按钮 ，从弹出式菜单中选择 Transit Analysis，出现弛豫分析对话框，有四个标签，如图 10 - 25 所示。

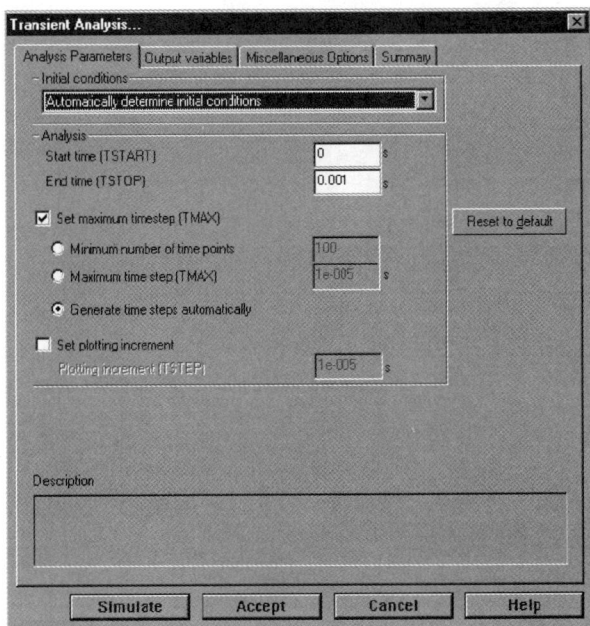

图 10 - 25　初始化分析

杂项标签可提供更大的灵活性，但不是必须的。用此标签设置分析结果的标题，检查电路是否有效，以及设置常规的分析选项。

概要标签提供所有设置的快速浏览。虽然它不是必须的，但当设置完成后，可以用它观察设置的总体信息。

要进行分析，必须对其他两个标签值进行设置。

（1）第一步：选择输出参数。试对节点 3 和节点 6 进行弛豫分析。从输出参数标签中选择这些节点。

注：如果现在您仍然使用自己建立的电路，节点序号可能与此不同，这是连线顺序不同造成的，但

您的连线是正确的。您可以继续使用自己的电路并选择合适的节点进行分析，或者打开 Tutorial 文件夹中的 tut3. msm 文件。

选择节点：

1）从 Filter variables displayed 中选择 3，单击 Plot during simulation。

2）从 Filter variables displayed 中选择 6，单击 Plot during simulation。

结果如图 10 - 26 所示。

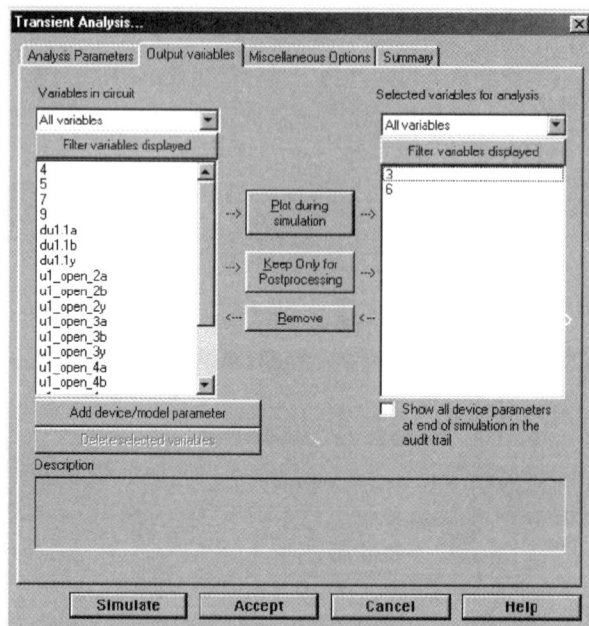

图 10 - 26　选择节点

（2）第二步：设置分析参数。分析参数在第一个标签中设置，此处保持缺省值。

（3）第三步：观察分析结果。要观察分析结果，单击 Simulate，会看到如图 10 - 27 所示显示结果。

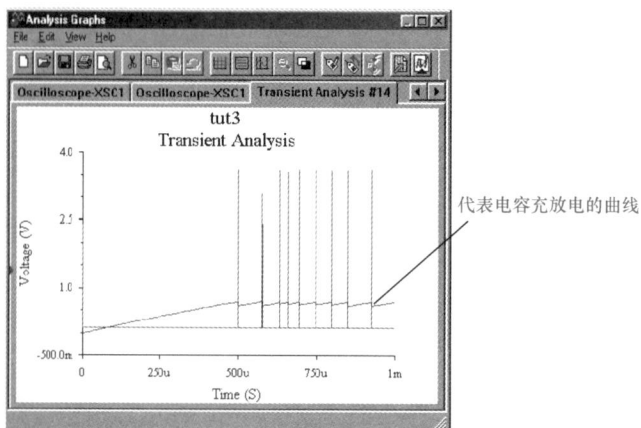

图 10 - 27　观察与分析结果

结果显示了由于红线脉冲作用电容（蓝线）的充电过程。

要知道线对应的颜色，单击按钮 [目]。

注意 Multisim 绘图器提供了两个标签，一个是刚运行的分析，另一个是上一次仿真时示波器观察的结果。

Multisim 绘图器提供了多种检测分析与仿真结果的工具，可实践一下各种按钮与命令的用法。比如，在弛豫分析标签中，拖动光标将产生"聚焦"窗口。详细信息请参考 Multisim User Guide。

## 第 7 节　使　用　VHDL

### 一、关于 Multisim 中的 HDL 语言

HDL 是专为描述复杂数字器件的行为设计的，所以它们被称为"行为层"语言。它们使用行为层模型（不是 SPICE 中的晶体管/门层）描述这些器件的行为。用 HDL 语言可以避免在门层中描述这些器件的繁杂工作，大大简化了设计过程。

设计者通常选择两种 HDL 语言的一种：VHDL 和 Verilog。两种语言 Multisim 都支持。

HDL 语言一般用作两个目的：为 SPICE 难以建模的复杂数字 IC 建模；设计可编程逻辑电路。Multisim 支持 HDL 的这两种应用。

对于第二种应用，即设计像 FPGA 和 CPLD 这样的可编程器件，Multisim 很理想。

下面以第一种应用为例，即为复杂数字器件建模。这里只用简单的与非门作以示范。当然您以后不会用 VHDL 作与非门的模型，因为对与非门而言 SPICE 完全可以做得很好。但是这样可将注意力集中到使用 VHDL 建模的过程上，而不是集中在组成模型的码上。

更进一步，Multisim 允许进行混合仿真（比如 SPICE 和 VHDL），既可以用已有的 VHDL 模型也可以用您自己写的 VHDL 码。我们使用前者，用数据库中已经存在的模型。当然也可以使用任何来源的模型（来自于公共域、大学或元件供应商）。使用 VHDL 仿真模型已经存在的器件，无须熟悉 VHDL 编码就可以按步骤操作。编写与调试 VHDL 码的方法，可参考 Multisim User Guide。

### 二、使用 VHDL 模型器件

为观察 VHDL 运作，需要在电路中用一个使用 VHDL 仿真模型的器件。与非门可以达到这个目的，因为已经有它的 VHDL 模型。

选择 74LS00D 的 VHDL 模型：

（1）从杂项数字元件箱中选择 VHDL 族（见图 10 - 28）。

浏览器如图 10 - 29 所示。

（2）滚动并选择 74LS00D。

（3）单击 OK 放置元件。

由于电路中已经有了一个 SPICE 与非门，而我们只需要一个与非门，所以需要删除它为 VHDL 与非门腾出位置。

要删除 SPICE 模型与非门：

（1）注意原来与非门的连线（删除元件后连线自动删除）。

（2）选中此与非门，单击 Delete。

图 10 - 28　选择 VHDL 族

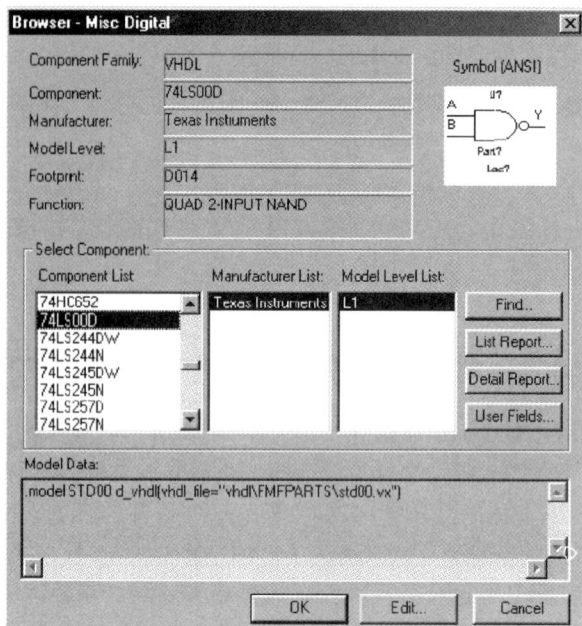

图 10 - 29   浏览器

下面要连接 VHDL 模型与非门。连接 VHDL 模型器件：

（1）将此元件放置在原来 74LS00D 的位置上。

（2）连线方式与原来相同。完成后结果如图 10 - 30 所示。

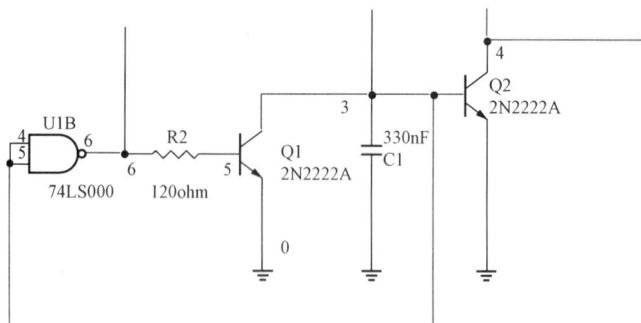

图 10 - 30   连接 VHDL 模型器件

### 三、仿真电路

现在重新仿真电路，混合仿真的方法与仿真纯 SPICE 电路相同。如果需要，打开示波器，结果与 SPICE 模型电路的结果相同。

第 8 节 产 生 报 告

### 一、导言

Multisim 可以产生几个报告：材料清单、数据库族列表和元件细节报告。本节以 BOM 为例，其他报告在 Multisim User Guide 中有介绍。

## 二、产生并打印 BOM

材料清单列出了电路所用到的元件，提供了制造电路板时所需元件的总体情况。BOM 提供的信息包括：

- 每种元件的数量。
- 描述。包括元件类型（如电阻）和元件值（如 5.1Kohm）。
- 每个元件的参考 ID。
- 每个元件的封装或管脚图。
- 如果购买了 Team/Project 设计模块（Professional Edition 版可选，Power Professional Edition 版包含），BOM 含有所有的用户域及其值（比如：价格、可用性、供应商等）。用户域的其他内容请参考 Multisim User Guide。

（1）产生 BOM：单击设计工具栏中的 Reports 按钮  ，从出现的菜单中选择 Bill of Material。

（2）出现报告如图 10-31 所示。

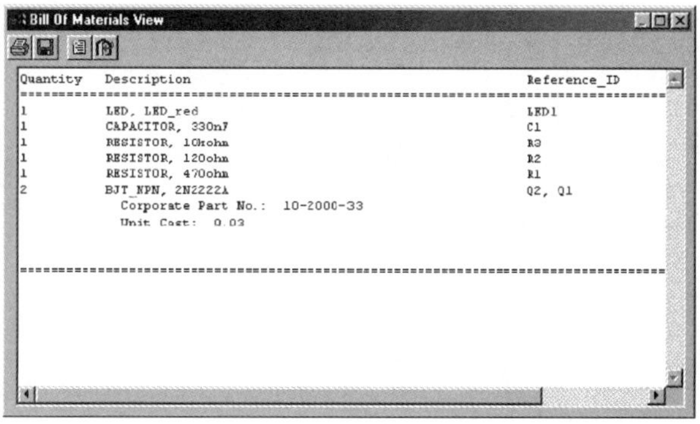

图 10-31    产生 BOM

（3）打印 BOM。单击 Print 按钮，出现标准打印窗口，可以选择打印机、打印份数等。

（4）以文件储存 BOM。单击 Save 按钮，出现标准的文件储存窗口，可以定义路径和文件名。

因为材料清单是帮助采购和制造的，所以只包含"真实的"元件，也就是说不包含虚拟的、购买不到的元件，像电源和虚拟元件等。

（5）要观察电路中的"非真实"元件，单击 Others 按钮，出现的另一个窗口只显示这些元件。

# 参 考 文 献

［1］刘润华. 模拟电子技术 ［M］. 北京：中国石油大学出版社，2001.

［2］董传岱. 数字电子技术 ［M］. 北京：中国石油大学出版社，2001.

［3］王亚军. 电工电子实验教程 ［M］. 北京：高等教育出版社，2009.

［4］徐淑华. 电工电子技术实验教程 ［M］. 山东：山东大学出版社，2005.

［5］宋春荣. 通用集成电路速查手册 ［M］. 山东：山东科学技术出版社，1995.